Similar Systematology Applied to Safety

安全相似系统学

贾楠 吴超 著

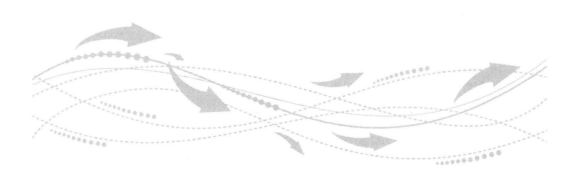

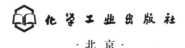

化学工业出版社

·北京·

《安全相似系统学》共分 6 章，分别讲述了安全相似系统学的提出与创建、安全相似系统学基础模型、安全相似系统学原理、安全相似系统学方法论及安全相似系统学应用等内容，并阐述了安全相似系统学在系统安全工程中开展相似分析、相似模拟、相似评价及相似管理等的应用实践。

《安全相似系统学》内容新颖，既包括了安全相似系统学基础理论，又包含应用实践。本书可作为广大安全科学研究者和安全管理人员的参考用书，也可作为高等院校安全系统工程课程的辅助参考用书，还可供系统学爱好者或研究者阅读。

图书在版编目（CIP）数据

安全相似系统学/贾楠，吴超著. —北京：化学工业出版社，2017.10

ISBN 978-7-122-30572-5

Ⅰ. ①安…　Ⅱ. ①贾…②吴…　Ⅲ. ①安全系统学　Ⅳ. ①X913

中国版本图书馆 CIP 数据核字（2017）第 217427 号

责任编辑：高　震　杜进祥　　　　　　　文字编辑：孙凤英
责任校对：宋　玮　　　　　　　　　　　装帧设计：韩　飞

出版发行：化学工业出版社（北京市东城区青年湖南街 13 号　邮政编码 100011）
印　　刷：三河市航远印刷有限公司
装　　订：三河市瞰发装订厂
710mm×1000mm　1/16　印张 10　字数 189 千字　2018 年 4 月北京第 1 版第 1 次印刷

购书咨询：010-64518888（传真：010-64519686）　售后服务：010-64518899
网　　址：http://www.cip.com.cn
凡购买本书，如有缺损质量问题，本社销售中心负责调换。

定　　价：78.00 元

相似的事故总是重复发生，预防并制止这些相似的事故，是降低事故损失和伤害，提高安全水平的有效途径。 相似的事故为何一再重复发生？ 生产中操作者为何常犯同样的错误？ 如若探究其原因、过程和环境，人们会发现其根源在于这些事故或错误所赋存的系统具有许多相似之处，其相似不仅在于看得见的物境的相似，而在于人们看不见的心理、生理、压力、氛围等的相似。 另一方面，也可以发现，生活和生产中更多的系统，它们能够长时间保持安全状态，而这些系统都能够安全运行的原因何在？ 其实质是这些系统的安全性存在着相似之处。 相似理论，通过对事故或安全现象规律的哲学思辨，帮助研究人员实现对安全系统进行多维度、多属性、多层次的剖析，探究事物之间个性与共性的关系，通过相似特性的研究，把握相似现象背后的本质。

　　基于此，作者以相似理论为基础，提出一种多属性、多维度又具有整体综合视角的系统研究方法——安全相似系统理论，并在学科发展及方法学视阈下，努力寻求创立一门全新的安全学科分支——安全相似系统学，用以研究安全相似系统学问题。 2016 年，本书作者在《系统工程理论与实践》杂志发表了"相似安全系统学的创建研究"，首次提出了安全相似系统学的概念和构想，解释了安全相似系统的定义及内涵，并从学科基础、学科层次、学科概念体系、研究内容、应用领域等层面探讨安全相似系统学学科性质；同年，在《中国安全科学学报》杂志发表的"相似安全系统学方法论"一文，从方法论角度对安全相似系统学进行研究，探讨了安全相似系统学研究的一般方法和安全相似系统理论应用的基本要素；而后，在《科技管理研究》杂志发表的文章"相似安全系统学原理及其推论"中，提出安全相似系统原理创建研究的思路步骤和安全相似系统学 4 条核心基本原理。 同时分别对不同行业安全系统中的相似事故案例，以及相似安全评价、相似安全分析、安全相似系统管理等实践开展研究，并发表了系列文章。 在此基础上，作者觉得很有必要尽快出版一本关于《安全相似系统学》的著作，以便使安全相似系统学这门全新学科理论得以推广与发展，并充实安全学科迄今理论基础贫乏的局面。

　　对安全系统多视角、多维度的分析，是预防事故发生，提升系统安全状态的前提。 在相似的视阈下，通过深入把握各色各样安全系统在元素、结构、功能、层次上平衡于相同与差异间的辩证统一，并指导其在研究实践中方法思路的选择。运用相似学的度量分析方法，将相似元的分析辨识，相似度计算用于安全科学及安全系统的分析，可以产生多种安全系统分析、相似模拟、相似评价的方法，提高安全系统分析实践效果，为安全人员分析问题，解决问题提供有利工具，并带来新的启示。

从无到有的学科创建和丰富发展并不是一蹴而就的。在开始有了将"相似"用于安全系统的想法以后，但将其构建成一门新的学科却是非常困难的。尽管相似的思想已潜移默化地应用于安全领域，但一旦立意于学科的高度和视野，撰写《安全相似系统学》，我们感觉到可用的素材几乎是空白。

安全相似系统学是安全系统与相似科学的交叉学科，同时，由于安全相似系统理论从属系统理论方法层面，其理论目的是多视角多维度的安全系统的分析、评价、管理等实践。考虑到安全相似系统学的研究和应用发展是一个需要经过长期发展才能趋于完整的缓慢过程，结合作者现有的研究成果，本书侧重于在基础理论系统的架构和分析，并在此基础上，对安全相似系统学几大重要的实践分支分别进行建设性探讨。

系统安全工程自 20 世纪 60 年代在美国被创立以来，就已经在全世界得到广泛的应用。但从那之后，国际上有关系统安全工程方面的理论研究进展并不是很多，比较典型的理论研究新进展可能要算美国 MIT 的 Nancy G. Leveson 教授所著的 Engineering a Safer World: Systems Thinking Applied to Safety，该书于 2012 年在 The MIT Press 出版，中文版书名为《基于系统思维构筑安全系统》，由唐涛和牛儒翻译，于 2015 年在国防工业出版社出版。国内自 20 世纪 70 年代末开始引进系统安全工程，之后也得到广泛的推广应用。但由于大多数安全科技工作者习惯应用国外的有关理论和方法，忽略了从理论和方法层面的创新研究，因此这么多年过去了，安全系统工程教科书里仍然是一些几十年国外发明的安全分析和安全评价方法。

安全系统工程理论发展滞后于应用的主要原因是安全系统学没有得到很好的发展和找到新的突破，安全相似系统学的创建无疑为安全系统学的发展找到新的突破口，并使安全系统学的研究工作者眼前一亮和寄予厚望，作者也感到其创建研究意义重大。经过几年的研究，我们终于写出一本可以引以为豪的自己的安全系统学领域的新专著。

本书的撰写可分为基础理论与实践两大部分，理论部分旨在厘清安全相似系统自身含义及构建安全相似系统学科基础理论体系。分别包括安全相似系统学的提出、安全相似系统学基础模型、安全相似系统学基本原理和研究的方法论。应用部分介绍了安全相似系统分析、安全相似系统评价、安全相似系统管理、安全相似系统模拟等实践分支。 由于有关安全相似系统实践的内容十分浩瀚，安全系统几乎涉及所有的安全领域，安全相似系统学具有相对独立的知识体系，根据不同的安全系统实践目的可由此催生出不同的安全相似系统实践分支。 该部分内容期待更多的研究者在未来丰富更多的实践方法并创建更多的实践分支。

特此感谢杨冕、黄浪、雷海霞、王秉、卢宁、尹敏、韩明等在开展安全相似系统学的研究过程中做的贡献。 本书内容的研究和出版得到国家自然科学基金重点项目（51534008）的资助，作者在此也表示衷心感谢。作者还衷心感谢本书所引用的参考资料的所有作者们。

最后，关于本书的题目"安全相似系统学"，作者前期工作中一直将学科命名为"相似安全系统学"，是考虑将安全系统作为研究客体来呈现学科的研究重点，后经反复斟酌与思考，基于"安全系统"及"系统安全"的内在辩证关联，并为了促使该全新学科分支的国际化发展，决定更名为"安全相似系统学"，并翻译为国外比较容易理解的"Similar Systematology Applied to Safety"。

本书是国际上第一部安全相似系统学著作，作者虽然做了最大的努力，但由于水平有限，书中肯定有疏漏和不妥之处，恳请读者批评指正。

贾楠，吴超
2017 年 5 月于长沙

Contents

第1章

绪 论

1.1 安全相似系统学创建的必要性

1.1.1 安全系统分析方法的需求

安全，是人类永恒的需求。它伴随人们的生活和生产劳作的全部过程，是人们对自身免受伤害的生存基础诉求。伴随科技现代化的发展，从远古的耕地劳种到现代化的自动化生产，人类生产技术的每一次革新，都带来了新的安全问题。在事故的数量与其波及范围剧增的状态下，人们对安全问题的愈加重视，科学技术的发展，使得安全科学应运而生。安全科学的主旨是通过预判、控制并消除潜在的危险源，避免事故的发生，保护人类的身心安全、健康。当今社会下，安全科学已经是不可或缺的重要角色。

安全系统学是安全科学的重要分支，由于安全事故的发生，并不仅仅是由某一单独因素失效的线性原因，而是信息、人员、能量等多种因素的交叉作用致使事故的发生。对于频发的非线性的事故分析，为了从本质上发掘事故表象之下的致因机制，将事故以系统思想、系统科学以及系统工程的视角来分析，通过系列的系统方法及手段来保障和提高人类生产、生活及生存的安全状态，并实现系统安全。基于安全科学与安全系统学的这一密切关联，不少学者甚至认为，某种程度上，安全科学就是安全系统学。在此，我们且不去追究该论断的确切性，仅以此论证安全系统学对于安全科学的发展至关重要性。

近年来，在政府部门及众多安全学者的协同努力下，事故发生次数在有效下降，安全工作取得可喜成果。图 1-1 显示了 2004~2015 年全国安全生产事故的事故起数和死亡人数调查对比[1,2]。

从图 1-1 不难看出，自 2004 年以来，至 2015 年，我国的安全生产事故数量和人员死亡数量整体均呈下降趋势。2004~2008 年下降明显，2008 年后，事故起数下降有所减缓。

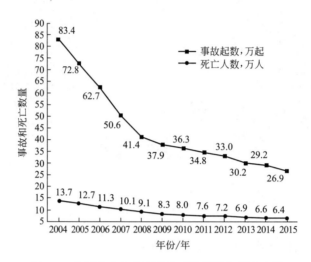

图 1-1　全国安全生产事故的事故起数和死亡人数

但与此同时，随着系统科学与现代化技术的发展，系统规模越来越大，系统内部结构与构成变得复杂。对于安全系统，复杂的人机界面，大量信息冗余交互，系统组织部门人员错综，以及所处环境的背景的文化、地区等差异，使得安全系统涉及范围的越来越大。在安全系统大规模化的前提下，事故一旦发生，必将涉的大范围人、物、资源的伤害和损失。因此，在大安全的环境背景下，安全系统规模的不断增大，事故一旦发生所牵扯的人员数量，涉及的部门均有增大的趋势。根据图 1-1 调查数据，进行平均事故伤亡率（平均事故伤亡率＝死亡人数/事故起数）分析[3]，参见图 1-2。

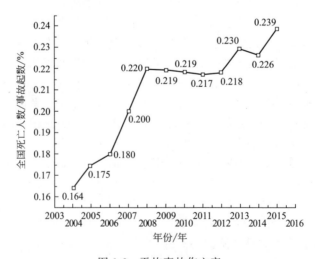

图 1-2　平均事故伤亡率

由图 1-2 可以发现，虽然在事故数量与伤亡人数均下降的情势下，平均事故伤亡率却是呈现明显的上升趋势，这从中验证了我们有关大系统事故的论断：尽管事故的发生数量被有效控制，但随着安全系统的大规模化，一旦事故发生，伤亡人数与涉及范围是增加的。这也将是安全系统与事故的发展趋势，伴随着安全系统的大规模复杂化，对于系统事故的分析也变得复杂。由此，我们需要一个全新的研究视角，对安全系统进行系统分析。

相似是对事物在相同和相异之间的状态描述。相似现象在安全科学领域中是无处不在的。最常见的是诸多相似的安全事故。在我们生产生活中，相似的事故频繁发生，这些不断重复发生的相似事故带来了惨痛的人员伤亡和经济损失。煤矿事故的预防一直是我国安全生产监督管理的重要任务之一，根据我国安全生产监督管理总局煤矿事故的统计资料显示，2001～2010 年间，共发生安全事故 7884 起，造成 20975 人死亡，这其中，以相似的事故致因类型划分事故，可将煤矿事故概括为七类相似事故，分别是相似的矿井瓦斯事故、相似的顶板灾害事故、相似的透水事故、相似的矿井火灾事故、相似的放炮事故、相似的矿井运输事故、相似的机电事故，我国 2001～2010 年间煤矿相似致因事故统计参见表 1-1[4]。

表 1-1　2001～2010 年间煤矿相似致因事故统计

相似事故致因类型		事故数量/起
相似的顶板事故		3373
相似的瓦斯事故	相似的瓦斯煤尘爆炸事故	747
	相似的瓦斯中毒、窒息事故	446
	相似的煤与瓦斯突出事故	302
	相似的瓦斯燃烧爆炸事故	85
相似的运输事故		800
相似的透水事故		424
相似的放炮事故		150
相似的火灾事故		68
相似的机电事故		53

相似的事故发生在各行各业，根据不完全统计，2009～2013 年，我国发生相似的粉尘爆炸事故 37 起，造成 82 人死亡，266 人重伤，其中，29.7% 的事故是由于相似的生产场所环境不良导致，21.6% 的事故是由于相似的违反操作规程或劳动纪律引发的，18.9% 的事故是由相似的设备设施等的缺陷造成[5]。2012～2014 年两年间，发生相似的塔式起重机事故 162 起，造成了 99 人死亡，159 人受伤[6]，其中，107 起是由于相似的起重机倒塌造成事故，16 起是由相似的

塔臂折断造成事故，10 起事故源于相似的吊物坠落，8 起事故源于构件脱落。2001～2013 年，我国高校、科研所发生的 100 例实验室安全事故中，由相似的违反操作规程造成的事故有 27 起，导致 242 人受伤或中毒，由操作不当引起的事故造成 271 人受伤，由设备故障老化造成的伤亡人数 23 人，等等[7]。在 2004～2011 年发生的 886 起罐车危险品道路交通运输事故中，相似的单方翻车事故 209 起，相似的避让翻车事故 55 起，相似的冲出路外事故 127 起，相似的辆车追尾事故 106 起，等等[8]。2003～2011 年的 89 起地铁隧道施工事故中，相似的坍塌事故 19 起，相似的物体打击事故 23 起，相似的高处坠落事故 15 起，等等。仅 2012 年石油化工行业共发生一般以上事故级别的事故 125 起，死亡 533 人，其中，相似的石油化工爆炸事故造成近 400 人死亡，相似的石油化工火灾事故造成 110 人死亡，在运输环节的事故死亡人数近 300 人，石油提炼及生产环节的事故造成死亡人数近 200 人[9]。2007～2011 年，我国烟花爆竹事故共发生 503 起，其中，91.65％的事故是发生在烟花爆竹的生产环节，并且，由相似的违反操作规程引发的烟花爆竹事故造成 443 人死亡，由于相似的生产场所环境因素导致的事故造成 96 人死亡，由于缺乏个人防护用具及设附件等相似的缺陷造成 74 人死亡，由于相似的操作规程及安全管理不健全导致的事故造成的死亡人数是 74 人[10]，等等。事故是相似的。对事故进行分析后发现绝大多数的事故都可以找到与之相似的事故案例，并且，根据不同的分类标准可将事故划分为不同的相似事故类型。在我们的周围，相似的事故总是在发生，却又"屡禁不止"。可见对于相似事故系统的研究是预防此类事故再次发生的有效途径。

列宁曾经指出："历史有惊人的相似。"莱布尼茨也说过："自然界都是相似的。"我们在认识、研究事物的时候，如果仅仅将目光聚焦于事物属性的某一点，会不可避免的产生局限性。而当从相似与相异的视角观察和研究事物，可以帮助人们从多角度、多层面、多属性的不断切入，获取关于事物的更为客观整体的信息。因此，相似，不仅可用于描述事物属性，并且可作为观察、研究事物的一种思维方法。从相似的角度出发，通过对相似的事故系统进行分析，探寻引发相似事故的本质原因，可以为有效杜绝相似事故的再次发生提供思路和方法。

相似的思想，可以为人们在生产、生活及工程中带来规律性的经验和启示。对于跨学科、跨领域、跨时空的安全问题，安全人员早已将相似的思想运用于安全系统的分析、评价、设计等方面。例如，在安全评价中，有些专家会不自觉地将待评价对象与已知的相似的对象进行并列对比；在安全管理中，有些企业纷纷效仿其他企业或行业中先进的管理经验与管理模式，这也是相似的一种思维方式；在审视问题时，专家也会不自觉地利用相似的思想来处理相关的问题。

相似性的研究，不仅为安全研究提供了全新视角，并且通过与具有高兼容性的安全系统科学有效耦合，促进安全科学的进步与发展。只是目前还没有学者从学科建设的角度将相似学与安全科学联系在一起，本书将尝试就相似理论运用于安全系统分析这一核心问题开展研究，并试图创建一门新的安全学科分支——安全相似系统学。

1.1.2 安全科学学科框架完善的需求

科技进步与人口剧增，生产日趋机械化，数字化信息激增冗余，大规模系统化的产业结构，带来的是人们对多发事故的反思和安全感的重度需求。同时，随着人们安全文化素质的不断提高，对于安全不再仅仅局限于"免于事故带来的人身伤害"的要求，于是人们开始重新思考，什么是"安全"？安全工作的范围是什么？安全科学应包含哪些研究内容？仅仅以事故为研究对象，侧重于生产及技术方面的安全研究是否能满足人们对于生理及心理安全状态的诉求？

安全科学的专业教育是向社会输送具有安全专业技能人才的主要方式，对于安全工程专业的学科建设，在要求专业技能的教育大背景下，各大高校的安全专业多以其各自的专业领域为对象，进行相应的安全研究与教育工作，形成了以专业需求为依托的安全学科体系。随着人们对安全科学的不断深思，许多学者对现存的专业需求背景下的安全科学学科体系进行反思，并试图从"安全"本身进行安全科学知识体系的构建，将安全科学从"他知识"学科体系到"自知识"的根本转变，构建安全科学的知识本体体系。2011 年 3 月 8 日发布的《学位授予和人才培养学科目录》，将"安全科学与工程"列为研究生教育的一级学科，从中说明了对安全科学自身理论体系发展研究的必要性。

安全科学本身是一个抽象的客观存在，这种客观存在的安全科学以丰富的安全学科的形式体现出来，安全学科的发展就是安全科学的发展。2012 年，吴超等[11]从安全科学学的高度和大安全的视角出发，构建了安全科学原理的"人形"结构体系，将安全科学原理划分为：安全自然科学原理、安全生命科学原理、安全技术科学原理、安全社会科学原理和安全系统科学原理五项一级科学原理，并分别细化至 25 条二级科学原理。科学原理是支撑一门或一类学科的基本概念体系，是指导学科建设，应用实践的基础理论。因此，以发展安全科学自身知识体系为宗旨，依据安全生命科学、安全生命科学、安全技术科学、安全社会科学及安全系统科学之间的原理关联，以文献［11］中的安全科学原理模型为基础，并参考学科间的相互关系以及现阶段安全科学的发展成果与研究重心，搭建安全科学学科的整体框架的轮形结构，参见图 1-3。

其中，安全科学是以人为中心的科学体系，研究人的生命安全，因此，安全生命科学作为安全科学的最重要的一支是毋庸置疑的；安全自然科学涵盖了有形及无形的物质与安全之间的关联与规律；与自然对应的是社会，安全社会科学的研究主体是人，人是社会属性的高级物种，是安全问题的参与主体，安全科学的

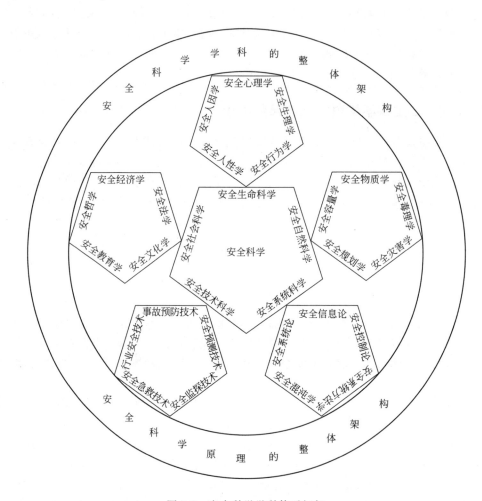

图 1-3　安全科学学科体系框架

研究理所当然离不开安全社会科学的研究；安全技术科学是关于"改造世界"的规律的探讨，以专业背景为依托的安全学科设计应隶属于安全技术科学这一分支；关于系统，安全系统，系统安全，安全科学与安全系统的包含关系和各自的边界目前尚无唯一确切的答案，但在安全科学领域系统思想的重要性是不容忽视的。

多年以来，以中南大学资源与安全工程学院吴超教授所带领的安全科学理论研究团队一直致力于从基础理论层面，不断补充丰富安全科学学科体系。在安全学科建设，安全理论创新方面，均取得重要进步。在此，笔者将课题组提出、构建（以文章形式正式提出并发表）的在安全学科体系构建方面的成果（主要集中于学科构建、基础原理理论及方法论层面）进行整理，见表 1-2。

表 1-2　安全学科体系构建成果列举

学科体系分类	成果列举
安全人性学	许洁等对安全人性特性、安全人性学科框架及分支进行了研究[12]；李美婷等从方法论的角度探索了安全人性学的研究方法及思路，指导了安全人性学的研究工作[13]；周欢等构建了安全人性学原理框架，并提炼了追求安全生存优越原理、安全人性平衡原理、安全人性层次原理等五条安全人性基本原理[14]；吴超等在总结了前人工作的基础上，规范了安全人性学科属性，构建了安全人性学研究的多维结构体系，提出了安全人性与利益对立统一、安全人性淡忘原理等 7 条安全人性基础原理[15]
安全生理学	游波等提出了安全生理学概念，构建安全生理学原理应用机理体系，归纳安全生理需求、安全生理感知等 5 条二级原理[16]；苏淑华等分析了安全生理学原理之下的三级原理——安全生理感知原理，分析其内涵特性，拓展了安全生理感知原理在安全领域的应用[17]。游波等在安全生理学原理研究的基础上，对深井受限空间的安全人因参数进行了探讨[18]
安全行为学	谭波等通过对 2000～2010 年美国工程索引（EI）数据库、中国期刊全文数据库收录的安全行为学的论文进行检索，统计分析了 2000～2010 年安全行为学的研究进展[19]；李梦雨等从行为分析方法、安全行为激励方法、不安全行为抑制方法三方面探讨了安全行为研究方法，并提出不安全行为向安全行为转化的螺旋模型[20]；关燕鹤等将员工不安全行为按照诱因的不同进行种类划分，针对不同诱因提出相应的纠正措施[21]
安全心理学	吴超等提出了心理创伤评估学的定义，分析心理创伤评估学的内涵、研究对象、研究范围、研究内容与研究目的等基本问题[22]；胡晓娟等运用文献分析方法分析了当前我国心理特性研究方法的现状、存在的问题与发展趋势[23]；李双蓉等建立安全心理学原理的车轮式体系结构，并总结归纳了安全心理学的 7 条核心原理，包括感觉阈值有限原理、知觉差异原理等[24]
安全人因学	阳富强等统计分析了国内近 10 年有关人因可靠性研究文献，综述分析了人因失误理论和及其发展趋势[25]
安全经济学	马浩鹏等总结提炼了安全经济现象中各种潜在规律，并得出生命安全价值、安全经济最优化、安全效益辐射、安全经济复杂性、安全价值工程等 5 条核心原理[26]；吴超等提出了安全统计学，确定其研究内容并构建安全统计学的分支体系，对安全统计调查与分析、安全统计指标体系、安全统计数据的分布特征与安全统计指数等内容做了详尽阐述[27.28]
安全法学	易灿南等提出比较安全法学，构建了比较安全法学学科体系，提出比较安全法学的研究内容及其方法论体系，并提出了比较研究过程将使用的比较研究方法[29]
安全文化学	王秉和吴超从学科层面出发，建构了安全文化学学科理论体系（如论述安全文化学的基础性问题，构建安全文化学学科分支比较安全文化学的学科体系，提炼安全文化学研究的方法论）[30-32]；谭洪强等提炼并分析安全文化学核心原理研究[33]；此外，王秉针对典型安全文化符号之安全标语，对安全标语鉴赏、效果评价与创作应用开展系统研究[34]
安全教育学	吴超等对安全教育学基本概念、安全教育学原理、现代安全教育技术及其应用实践等做了探讨[35]；易灿南等提出了比较安全教育学并分析其研究的 3 大要素，构建基于比较研究一般过程的客体—资料—比较—结论比较安全教育研究四部曲[36]；徐媛等提出安全教育双主导向、安全教育反复等 6 条基础原理及其内涵及其在安全教育设计、传播、反馈 3 阶段中的应用[37]；胡鸿等提出了安全教育学概念，论述了其学科的内涵与外延，构建了安全教育学基础理论体系[38]

续表

学科体系分类	成果列举
安全物质学	石东平等提出安全物质学,分析其内涵,构建了安全物质学学科框架,并分析了安全物质学的具体研究方法[39];黄浪等提出了安全物质学研究三阶段,阐述安全物质学的一般研究方法,归纳安全物质学方法论特征,建立安全物质学方法论六维结构体系,系统化了安全物质学研究的层次思路[40];方胜明等提出了物质安全管理学,分析其内涵及理论基础,分析其研究方法,并结合粒子碰撞模型证实物质安全管理方法论体系的可行性和协调性[41]
安全毒理学	张丹等基于对安全科学原理体系的认识,研究提出了包括安全最小剂量原理、活性结构相关安全原理、染毒条件影响安全原理等6条毒理学核心原理[42]
安全灾害学	刘冰玉等提出灾害化学的定义及内涵,并提炼灾害化学的基本核心原理,并且从本质化安全生产设计、职业安全健康与管理和安全经济效益的角度分析灾害化学原理的应用[43]
安全规划学	黄浪等提出了安全规划学,从学科属性、学科基础与学科特征3方面阐释安全规划学基本问题,论述了安全规划学研究内容,在此基础上,提炼了安全规划学方法论实践的一般程序与方法[44]
安全容量学	谢优贤等结合安全容量的研究现状提出安全容量的内涵,并且首次以理论形式提出安全容量原理的6个下属子原理,并分析了各子原理的概念和内涵[45]
安全信息论	黄仁东等结合安全学与信息学的特点,提出了安全信息学原理从属的6条核心原理,在安全学原理和信息学理论的基础上,创建了安全信息学核心原理的体系结构模型,并对其在组织中的应用进行了分析[46]
安全控制论	张舒等提出了安全系统管理学,对安全系统管理学的内涵,学科属性,系统的安全管理模式,研究的方法论等进行了阐述[47];王爽英等在对国内的安全管理思想及模式的分析基础上,提出了系统安全管理的三维结构,为企业安全管理提供了一种新思路[48]
安全混沌学	吴超等提出安全混沌学的定义,从现代非线性理论角度构建安全混沌学的理论分支体系,依据大量的应用实例探讨混沌理论在安全科学中的应用,阐述安全混沌学应用与研究的重要意义与广阔前景[49,50];在此基础上,基于安全混沌学原理对实验室风险度量分析进行了探讨[51]
安全系统方法学	吴超等从方法论的层次,对安全科学的研究方法做了详细研究,包括安全系统学,安全管理学等研究方法的归纳总结[52];提出比较安全学,以比较的视角,提出比较安全学的定义,学科框架,及其在安全科学领域的应用实践研究[53]

结合图1-3与表1-2可知,我们正在一步一步地不断发展和完善所构建的安全科学学科体系。其中,表1-2并没有对安全技术科学进行研究成果的列举,这是因为在我国绝大多数的安全学者所从事的安全工作都属于安全技术科学范畴,因此,吴超课题组近年来的工作重点是从理论层面,构建安全技术之外的安全自学科、自知识体系。例如比较安全学,安全统计学,安全混沌学等均是吴超课题组在国内外首先提出并架构的。

安全相似系统学,作为一门新的安全学科,隶属于"安全系统科学"中的"安全系统方法学"。通过相似的视角和相似理论的运用,为安全系统的研究提供全新的思路和方法，并以此，进一步完善安全科学学科体系。同时，由表1-1可知，在学科构建及基础理论研究方面，吴超课题组已从多个学科角度成功提出并丰富发展了多个全新的学科，在安全科学基础理论方面取得初步性的进展，这也为安全相似系统的提出、构建、发展提供平台和经验。

1.2　安全相似系统学起源及其发展现状

1.2.1　安全系统学、相似理论及安全相似系统学

1.2.1.1　安全系统学起源及发展

由于安全事故的频发，促使人们开始思考隐匿于事故表象之下的致因机制，运用系统思想、系统科学以及系统工程的视角来实现系统安全。安全系统学以系统思想为中心，通过系列的系统方法及手段来保障并提高人类生产、生活及生存的安全状态。成为近年来得到发展和重视的一门新兴学科，是安全学科领域的重要组成部分。安全科学的研究核心就是认识安全系统、发掘安全系统中所蕴藏的安全科学原理，再用所发现的原理指导安全系统的管理，优化安全系统的状态，保障人的安全健康。

（1）安全系统思想的发展历程。安全系统思想的发展与人类的整个安全劳作史是分不开的。伴随人类生产力及科技的发展，人们对于安全系统在认识的性质上不断发生变化和提高。将安全系统思想的发展可以概括为从自发的安全认识到自觉的安全认识的四个发展阶段，以图形示之，参见图1-4。

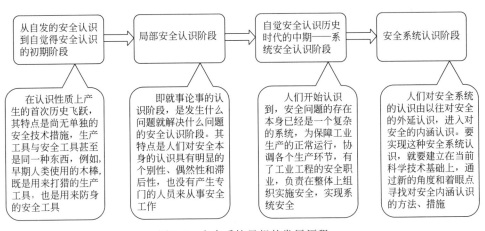

图 1-4　安全系统思想的发展历程

一般情况下，科学发展的过程都是从局部认识上升到整体认识，再从整体的研究中寻找一般规律。目前，对于安全系统的研究已进入了安全系统的认识阶

段，为了实现对安全系统内涵的认识，需要以现在生产、生活科技进步为基础，寻找全新的研究视角、思路及方法。

（2）安全系统实践发展。由安全系统思想的发展历程可以发现，人们对于安全系统的思考从具体的工程实践上升到了学科理论高度。对安全系统学的研究源于安全系统工程或系统安全工程的实践。

安全系统工程最早起源于安全风险评价，20世纪30年代，随着美国、英国等发达国家保险行业的发展，为了衡量风险与收取费用的关系，有了风险评价；20世纪60年代，美国军工行业迅速发展，这一阶段，美国导弹系统研发过程中连续发生重大伤亡事故，促进了用系统工程原理和方法研究导弹系统的安全可靠性，1962年4月公布的系统安全说明书"空军弹道导弹系统安全工程"开启了系统安全工程方法在其他行业的推广和应用；1967年7月，美国国防部批准颁布的当时最具有代表性的系统安全军事标准《系统安全大纲要点》对完成系统在安全方面的目标、计划和手段，包括设计、措施和评价，做了具体要求和程序，后来该标准经过两次修订，成为现在的 MIL-STD-882B "系统安全程序要求"，这就是由事故引发的军事系统的安全系统工程。

多个经典的风险评估评价方法相继出现：1961年，贝尔电话研究所创造了事故树分析法；1974年，美国原子能委员会发表了"商用核电站风险评价报告"（WASH-1400），成功地开发应用了系统安全分析和系统安全评价技术，该报告的科学性和对事故预测在"三里岛事件"中得到证实，称为核工业的安全系统工程。

1964年，美国道（DOW）化学公司提出了火灾、爆炸危险指数评价法，用于化工装置的安全评价；1974年，英国帝国化学公司（ICI）蒙德（Mond）部在道化学公司评价方法的基础上提出了"蒙德火灾、爆炸、毒性指标评价法"；1976年，日本劳动省颁布了"化工厂安全评价六阶段法"，使化工厂的安全性在规划、设计阶段就能得到充分的保证，称为化学工业的安全系统工程。

20世纪60年代，许多民用产品投放到市场，为了保障安全性，迫使在电子、航空、铁路、汽车、冶金等行业开发了许多系统安全分析方法和评价方法，称为民用品工业的安全系统工程。

20世纪60年代末，我国的安全系统工程研究开始起步，1982年，在北京市劳动保护研究所召开了安全系统工程座谈会，对我国安全系统的研究和发展做了探讨；1985年，成立中国"劳动保护管理科学专业委员会"，并建立了"系统安全学组"，推动安全系统工程学科的发展，该阶段安全系统工程的发展主要以国外先进方法的学习和引进为主；到了20世纪80年代，研究人员将目光聚焦于系统安全评价的理论及方法的开发。

安全系统工程是人们在面对事故的事实下被动产生的，如图1-4所示，对安全系统问题认识到一定层次时，人们的认识角度和视角发生飞跃，从被动安全到主动安全。在面对安全事故问题时，通过系统的思维，逐渐将视野从工程技术层面上升到理论科学角度，这就是我们所讲的安全系统学。

安全系统学的提出，标志着人们对"安全系统"的认识提高至了新的水平，其属于研究安全系统本质，解释安全系统运动规律的科学，是交叉兼容的安全科学的又一学科领域。是以安全系统工程为研究对象，研究指导人们开展及研究安全系统工程的学问。安全系统学是安全系统工程的理论发展和上游，安全系统工程是安全系统学的实践基础，两者是包涵的关系。安全系统学的研究领域十分广泛，因此，其涉及的理论与知识也非常宽广，这也为安全相似系统学的提出与发展提供兼容性的安全系统平台及丰富的安全系统理论基础。

1.2.1.2　相似理论的起源及发展

相似理论是研究自然界和工程中各种物理过程相似规律和相似现象的学说。通过研究技术系统中的相似特性，分析及试验过程，处理与系统相似有关的工程技术问题。

相似理论起源于 17 世纪到 19 世纪，在工程应用方面，1638 年，伽利略（G. Galilei）[54] 在"论两门新的科学"中讲到，威尼斯人在比照小船建造大船的时候，已经深入研究到相似理论的实质内容，说明了简单的类比方法来放大或缩小功能系统，并不能使新系统继承原系统的功能性质。该描述已深入到相似理论的实质内容，认为这是最早的相似科学的萌芽。1686 年，牛顿（(I. Newton)[55] 以两个物体作相似运动来表述和论证相似三定理，提出了相似数 $[F/(\rho V^2 I^2)]$，并且，在《自然哲学的数学原理》一书中，运用相似理论，将相似模型应用于工程技术。1829 年，柯西（A. L. Cauchy）对振动的梁和板，1869 年，弗劳德（W. Froude）对船，1883 年，雷诺兹（O. Reynolds）对管中液体的层流与紊流试验以及 1903 年莱特（W. Wright）兄弟首次对飞机机翼所做的风洞实验，是较早的运用相似方法解决工程问题的实例。

在理论方面，1882 年，傅里叶[56]（J. B. J. Fourier）提出了物理方程必须是齐次的论点，柯西提出了适用于弹性体和声学现象的相似数。1848 年，J. Bertrand[56] 通过对力学现象的相似研究，概括了相似现象的相似性质，总结了现象相似的必然结果，提出相似第一定理，将其表述为："对相似的现象，其相似指标等于 1"或"对相似的现象，其相似准则的数值相同"。

20 世纪前半叶的相似理论主要是结合模型试验而发展起来的，而模型相似的理论基础和方法手段之一是量纲分析，1911 年，白金汉[57]（J. Buckingham）把量纲分析理论推广于一般工程，并提出相似第二定律。第一定理与第二定理是在假定现象相似是已知的基础上导出的。两个定理确定了相似现象的性质，但并没有指出决定任何两个相互对应现象是否相似的方法。

1930 年，基尔皮契夫[58]（М. В. Кирпиче）和 А. А. 古赫曼提出了相似第三定理，表述为："对于同一类物理现象，如果单值量相似，而且由单值量所组成的相似准则在数值上相等，则现象相似。"相似第三定理的提出证明了现象相似的充分和必要条件，使得相似理论逐步趋于完善和成熟。

我国对于相似的研究，最早在战国时期出现，以《黄帝内经》为代表的子午流注理论、五轮八廓学说等，把人作为天地间的一个子系统，发展了丰富的自相似理论。自相似与相似理论的研究对中国学术的发展有着深远而重大的意义；公元前 11 世纪，西周的《周易》，其中，关于相似和自相似的概括，包涵了系统原理、整体思想、周期性有序的初始概念。

20 世纪，随着学科的丰富和发展，"相似"这一概念引申而出专门的学科，其理论和应用都在日益发展，相似理论的研究广泛运用于其他多个研究，学科领域、航空航天、计算机、建筑科学、电力电信、生物科学，等等[59-63]。到 20 世纪 50 年代开始，国内学者开始纷纷研究相似理论，并且随着我国各学科理论的飞速发展，以及相似实践的不断深入，由相似理论这一核心理论不断催生出新的相似的学科分支和分理论。

张光鉴[64]是我国"相似论"的创立者，1992 年发表《相似论》，一经发表便获得国内外专家的高度评价和认可，并在我国掀起了学习相似理论的新浪潮。钱学森老先生曾给予极高的评价："相似和不相似是辩证统一的。相似的观点，或相似论，对说明形象思维在科学技术、工程技术中的重要性，很有价值。"

1993 年，周美立[65]从系统学的角度对复杂系统相似的概念、方式和方法等进行了较为深入的探讨和研究，建立了相似学这一门新学科，进而在其著作《相似系统论》中，将相似理论与系统思想相结合，对相似系统理论的多个基本概念做了详尽阐述，论述了自然界中诸多相似现象和本质，及相似性的形成与演变规律，提出了相似熵的概念，为相似理论在其他领域的发展和应用提供条件。而后，1998 年，融合了科学性、思想性和实用性的思想，发表了《相似工程学》，对相似学原理的应用、相似系统理论与实践、相似分析、相似模拟、相似系统设计、相似制造工程、相似虚拟技术、相似管理工程、仿生智能工程、生态相似工程、社会系统相似工程等方面实践应用进行了探讨。另外，邱绪光[66]、王丰[67]、黎阳生[68]、沈自求[69]、徐迪[70]等诸多学者均在各自的领域对相似性理论的推广及应用做了研究与探讨。

同时，由于计算机科技的应用及推广，使"相似"成为仿真技术的基础理念，不管是同类物理体系模型试验、异类物理体系的模拟试验或数字模拟仿真试验，都是相似理论在整个 20 世纪应用扩大和发展的过程。

1.2.1.3　安全相似系统学的起源及发展

安全相似系统学是安全系统学及相似科学形成的交叉学科，以相似的视角，探寻安全相似系统（包括相似的事故系统、相似的安全事件、相似的安全现象等）间的相似特性，跨越具体事物之间的界限，从中总结出一般的普遍的规律，进而挖掘其相似现象下的本质，为安全系统的分析、分解提供全新的剖析思路及手段。目前，不管是国外还是国内，都未出现系统的安全相似系统理论，但相似理论已广泛应用于多个研究学科领域，同时，在安全领域，已有学者开始尝试运用相似理论开展相似研究，参见下文 1.2.3 部分。

1.2.2 安全系统学研究现状

1.2.2.1 国内外研究成果对比及研究热点分析

随着系统科学的不断发展，将系统科学中的思想、理论、方法等改造运用到安全科学中的优势越发明显，越来越多的学者意识到安全系统思想对安全科学研究的重要性与必要性。关于安全系统及安全系统思想的研究也越来越多。参考文献［71］用文献统计的方法将 2000～2009 年我国安全系统工程的研究做了总结，发现我国安全系统工程学发展迅速并逐年上升，期间其研究领域广泛分布于其他各领域学科中，该阶段安全系统工程学的研究内容主要集中以系统安全分析和系统安全评价为主。

同样以文献统计的方式，在中国学术期刊网络出版总库中以"安全系统"为检索条件，对国内关于安全系统的研究成果进行统计（包括期刊文献与学位论文文献）。同时，利用 Engineering Village 全文期刊数据库以"safety system"为检索词汇，统计国外安全系统的研究成果。检索出自 2000～2016 年的相关文研究成果，绘制研究成果统计对比图，参见图 1-5。

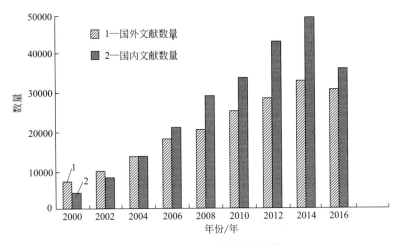

图 1-5 国内研究成果统计分析

图 1-5 所示为在时间序列下国内外安全系统相关的文献统计数量。通过图 1-5 可以发现，在国内和国外，学者和专家对于安全系统的研究自 2000 年开始呈现相似的上升趋势，并在 2014 年达到文献检索量的高峰，说明对安全系统的研究，

随着安全科学的发展得到越来越多的重视与发展，关于安全科学与安全系统的研究还会继续深入。同时可以发现，以 2004 年为临界点，我国国内有关安全系统的文献数量超过了国外安全系统的文献数量，这也侧面体现了我国对安全工作的重视和安全学科正在高速发展。

文章的关键词是赋涵了全文主题内容、方法及创新点的信息，通过检索到文章的关键词可以帮助我们对文章的整体加以认识。对国外安全系统相关文献包含的主要关键词进行统计，包括：AHP（analytic hierarchy process，层次分析法）、assessment model（评估模型）、evaluation index system、evaluation index（评估指数 \ 系统）、assessment result（评估结果）、assessment index system（评估指数系统）、optimization model（优化模型）、fuzzy comprehensive evaluation method（模糊综合评价法）、risk assessment method（风险评估模型）、prediction（预测）、prediction model（预测模型）、neural network（神经网络）、prediction accuracy（预测精度）、precision（精度）、SVM（支持向量机）、BP neural network（BP 神经网络）、prediction method（预测方法）、prediction result（预测结果）、monitoring data（监测数据）、relative error（相对误差）、regression model（回归模型）、time series（时间序列）、gas emission（气体排放）、neural network model（神经网络模型）以及 forecasting（预测）。由此可见，国外关于安全系统研究的主要关注点集中在评价、优化、预测、监测等方面。同理，国内安全系统研究文章的关注点多集中在信息、信息系统、安全管理、安全监测、安全对策等方面。

1.2.2.2　安全系统科学理论研究发展现状

安全系统学将安全对象以系统的观点进行分析，将研究对象及其所处环境作为整体，讲究的是避免局限性的综合视角。安全系统一直是学者们研究的热点，但多数研究成果多集中于安全系统工程实践层面，如具体到某系统、某工程的安全系统管理、预测、监测、决策等方面，这一点从研究成果主要关键词统计中也得到印证。而对于工程实践有指导和鸟瞰意义的理论研究，却少之又少。安全理论研究是安全科学发展的根基，具有原创性和理论性，指导安全系统工程实践。表 1-3 整理并列举了其中主要的安全系统科学理论科研成果。

表 1-3　安全系统科学理论研究成果列举

分类	研究人员	时间/年	主要内容
方法论层面	阳富强[72],等	2009	对安全系统工程学及研究内容进行定义,建立了安全系统工程学的方法论四维结构体系,提出了安全系统工程学新的方法体系
	贾楠[73],等	2016	构建安全系统学研究层次框架,根据切入维度不同,对安全系统方法进行综合分析,提出了安全系统方法探索研究的动态研究模型,明确了安全系统研究思路

续表

分类	研究人员	时间/年	主要内容
安全系统管理层面	张舒[47,74]，等	2010	定义安全系统管理学，明确了研究对象、主要研究内容、安全系统管理学研究的方法论基础，多视角探索安全系统管理学的理论与规律
	杨冕[50]，等	2012	将安全混沌学思想应用于安全系统管理中，并构建安全管理混沌学
安全系统科学原理层面	吴超[11,75]，等	2012	提出安全系统科学原理在内的五大一级安全科学原理及下属的二级安全科学原理
	雷海霞[76]等	2016	提出安全系统异物共存原理、安全子系统功能强制协同原理等六条子原理，并将各个原理运用于实现安全系统和谐的动态控制过程
	雷海霞[77]	2016	对安全系统科学原理与建模进行研究，构建安全系统科学原理体系，提炼安全系统科学相关原理，填补与扩充相关基础理论成果
	贾楠[78]，等	2016	提出安全科学原理的PCP结构，并构建安全系统科学原理的研究一般程式
安全系统工程运行机制	蔡天富[79]等	2006	以耗散结构的维持与演化作为安全系统运行机制的理论基础，对安全熵进行定义与量化，以人-机-环组成的安全系统为实例验证得出整体安全熵
	J. D. Andrews[80]	2005	提出了分支搜索算法，利用安全系统共同的特点，以探索潜在的设计空间，并提供最佳设计
	A. Pereguda[81]	2009	提出了安全系统保护对象复杂可靠性模型，可用于在时间 t 之前的平均故障时间和故障概率可靠性指数的双侧估计
	张景林[82]等	2007	通过对安全系统本质属性的再认识，分析了安全系统耗散结构理论形成过程
	张建[83]	2016	归纳了安全人机系统原理的研究内容，提出了系统性安全原理、本质安全化原理等五条安全人机系统原理的下属原理

1.2.3　安全相似系统学研究现状

1.2.3.1　国外安全相似系统学研究现状

相似原理基于相似的视野分析生产生活中的相似问题、相似现象，揭示自然界、人类社会、思维发展规律的基本原理和方法。作为认识事物、分析事物的思维方法，国外各个研究领域都开展了系统相似性研究的工作。对相似理论的运用，主要集中在相似分析、模拟实验、相似评价、相似设计、相似管理等方面，而涉及安全领域，目前主要体现在安全分析和安全模拟方面。

相似性分析可帮助研究者寻找事物之间的差异和共同点，通过相似与相异的比较，探寻造成相似现象的原因。A. Trevor[84]通过列举印度博帕尔毒气泄漏事故，英国 Flixborough 镇己内酰胺装置爆炸事故，北海派珀阿尔法海上石油平台火灾爆炸事故，运用相似分析的思路，提出在事故分析时，可以根据以下四个相似的问题进行事故的深入分析：①为什么存在危险源被忽视的情况，要怎样预防；②为什么失效设备没有被即使关闭，要怎样预防；③为什么存在的危险没有被预见到；④谁要为事故的发生负责。并且，通过多个事故持续的原因分析（包括排污管内液体泄漏引发的火灾事故，压力容器爆炸事故，原油罐火灾事故）并列举与之类似的相似事故案例，寻找事故产生原因的相似特性。文章中指出，通过持续分析事故及事件的原因，并找出其相似性，是分析事件的根本原因。

Y. V. Puzanov[85]将工业风险评估的对象作为复杂的安全系统来进行分析，并且对工业事故评估系统中的自相似风险特征进行了研究。S. Nikfalazar[86]等基于多层次的相似分析方法，探寻了广义梯度模糊数和期望模糊数之间的相似性，并提出了一种基于相似理论的可用于风险分析、风险等级划分和排序方法，并验证了该方法的可行性。H. Deng[87]提出了基于相似性方法的排序多准则替代并解决离散多准则问题的方法思路。H. Li[88]等为了提高交通事故识别的效率和准确性，基于相似特性分析，提出了通过车载录像机收集大量数据，对相似数据进行分类，然后重组事故视频的一种新的交通事故识别方法。

物理实验及数值模拟是基于相似的基本理念，通过构造与真实研究对象相近的实体或数值模型，研究不同条件下研究对象的状态变化。H. C. Ma[89]为了探索地下隧道爆破后的安全性，通过维度分析，分析了不同规模隧道的防爆能力，并在控制其他条件不变的情况下，推导出隧道物理尺寸与防爆能力的理论相似关系；Z. A. Jiang[90]等为了对矿山给水网络的安全可靠性进行研究，导出相似条件下的流量和压力的相似度，并根据重力相似性准则建立了矿山给水网络的物理模型；M. Lee 等[91]用有限元分析方法，通过硬化土模型比较了三个模型的最终单位轴承压力，研究了无黏性土的带状基础的相似定律。

相似安全管理的应用实践先于理论研究，如企业在进行安全管理时，一般的会选择类似的某个或几个具备成熟安全管理理念的企业（如杜邦公司、摩托罗拉公司和 GE 公司等）作为开展安全管理活动的参照物。这种相似理论的运用，广泛存在于系统管理，却没有以文章的形式正式提出和研究。

1.2.3.2　国内安全相似系统学研究现状

在理论研究层面，吴超[92]等在《安全相似系统学的创建研究》一文中，首次提出安全相似系统这一概念，阐述了安全相似系统的定义、内涵，并在学科高度论述了以安全相似系统学作为安全科学学科分支的学科属性，分析了安全相似系统理论可能涉及的应用领域，为安全相似系统学的研究与发展奠定基础。贾楠[93]等从方法论的角度，对安全相似系统学的研究方法进行了综述和研究，并提出了作为一门全新学科，如何发展和丰富其理论方法体系的思路，指导了安全相似系统学的研究工作。卢宁[94]等以相似系统为基础理论，提出了相似安全管理学的理念，通过分析其研究对象和研究内容，明确相似性动态分析的必要性，基于时间等七维度建立相似性分析的锥形体系结构并构建方法论体系和"四阶段"研究程序。除此之外，其余多数文献均是相似理论在安全领域的应用实践研究。具体文献综述如下：

（1）相似安全分析与评价的实践。分析是评价的基础，同时也可以认为评价是分析的一部分。相似理论在安全实践领域的分析实践多体现于不同系统的风险分析和风险评估。杨瑞刚[95]等将相似理论用于型桥式起重机结构安全评价的实验方法，以相似的思想为基础，提出通过构建位移、变形和载荷的相关关系来确定相似控制量，并以测试起重机起升载荷较小的变形和位移来推断起重机起升载荷为极限值时的变形和位移状况。张振华[96]等运用相似理论，分析了中部下方近距爆炸作用下船体梁中垂和中拱变形的相似参数及各相似参数的物理意义和影响规律。

在风险评估中，针对面向入侵风险分析模型受技术和规模影响较大，不易规范化以及文档管理工作较多，不便于中小企业的执行的问题，徐源[97]等从评估实体安全属性的相似性出发，提出了安全相似域的概念，并且在此基础上，建立了基于安全相似域的网络风险评估模型 SSD-REM（security-similar-domain based risk evaluation model）。滕希龙[98]等将区间值直觉模糊集引入相似评价，提出一种区间值直觉模糊集相似性算法，并将其运用于信息安全风险评估。刘沐宇[99]等运用模糊相似优先的概念，构造了基于模糊相似优先的边坡范例检索模型。经过影响因素之间的两两比较，获得不同的影响因素下边坡的目标范例与源范例之间的相似性序列，计算得到边坡的目标范例与源范例之间的综合相似性序列，从而最终找出与边坡的目标范例最相似的边坡的源范例，实现了边坡稳定性评价。李丹[100]等通过模糊相似理论，提出了模糊相似评价方法，并将其运用于某长距离埋地输水管道供水工程。钮永祥[101]等构建了基于 Vague 相似度量理论的综合评价模型，对建筑施工安全事故进行分析与评价。

（2）相似模拟与实验的安全实践。模拟与实验是以相似为理念，构造与真实系统类似的实体或数值模型，研究不同条件下研究对象的状态变化。宏观的，试验和模拟其本身就是相似理论的运用实例。黄波林[102]等为了降低崩滑体涌浪事件带来的伤害，采用的物理相似试验方法，以三峡库区龚家方崩滑体涌浪事件为原型，构建相似比为 1∶200 的大型物理相似试验模型，对类似岩质岸坡失稳产生涌浪机理进行探索预测。李玉全[103]等针对压水堆失水事故，通过计算降压模拟的相似准则,分析了计算不同事故条件下系统需优先保证的相似准数,对各个相似失真度进行了定量化,为缩比低压试验台架的设计和试验结果的相似性评价提供参考。壳体容器的跌落事故是冲击动力学行为,聂君锋[104]等以相似理论为基础,通过数值模拟方法,对不同比例的相似模型试验进行数值计算,并对这种相似模型试验的设计进行评价,计算发现,在一定的假设和试验设计条件下,各相似常数的误差较小,能很好地反映模型参量的相似性,从而可通过相似模型试验来研究壳体容器的跌落事故。

(3)相似管理的安全实践。相似理论在管理方面的运用为药品的安全管理领域。王波[105]为了加强病区相似药品的管理,设立药品安全管理质控员,加强护理人员防范意识,降低了相似药品管理缺陷事故。刘丽玲[106]等以相似理论为基础,通过对相似药品的使用进行规范化流程管理,使得相似药品安全使用,杜绝了相似不良事件的发生。

由上述文献综述可知,相似理论已初步涉足国外及国内的安全领域,并在其各自研究范围内获得初步成果。由安全科学的极具综合特性可知,相似理论可广泛应用于安全科学实践。同时可以发现,相似理论在安全科学中的实践处于最初的起步尝试阶段,尚未形成规范的理论体系和普遍的应用模式,也没有形成相应的学科体系,因此,要想将相似理论系统地推广至安全科学及安全系统科学领域,构建安全相似系统学学科体系是十分必要的。

1.3　研究内容与意义

1.3.1　主要研究内容

相似的事故总是屡禁不止。预防并制止相似事故的发生,是大幅度降低事故损伤,提高安全水平的有效途径。那么,如何有效地预防类似事故的重复发生?面对重复发生的事故系统,随着系统规模与非线性程度的增加,复杂的人机界面,大量信息冗余交互等,面向个别事故系统的针对性分析并不具有整体成效。

相似,不仅用于描述事物属性,并且可以作为研究事物的一种思维方法。相似理论,通过对事故或安全现象规律的哲学思辨,帮助研究人员实现对安全系统进行多维度、多属性、多层次的剖析,探究事物之间个性与共性的关系,通过相似特性的研究,把握相似现象背后的本质。目前,已有不少学者尝试将相似理论运用于安全科学各个领域,但在实践中也出现了桎梏相似理论运用于安全科学的实际问题,即安全相似系统学学科尚未明确提出、系统的理论框架尚未搭建和实践运用尚未规范的三大问题。具体可以理解为:如何将相似理论系统的运用于安全系统科学,其学科构建是怎样的,其相似系统的机理是什么?

其研究方法有哪些？基本原理是什么？具体的实践过程是怎样的？等等。安全相似系统学将相似理论运用于安全科学，为安全系统的研究与分析提供了全新的思路，为安全科学学科分支又增添一名新成员。本文主要包含以下几个方面的研究内容。

1.3.1.1　安全相似系统学的提出

提出安全相似系统学，给出安全相似系统学的具体定义和详细内涵，依据安全学科属性和安全系统学特征阐述创建安全相似系统学具有的可行性；从安全相似系统学学科基础、学科层次、学科概念体系、研究内容、应用领域等层面阐述安全相似系统学学科性质。在此基础上，分别从系统功能及行业领域视角构建其分支学科体系，以促进安全相似系统学学科发展。

1.3.1.2　安全相似系统学的基础模型研究

以安全相似系统学的元问题为思路，提出并构建安全相似系统学基础模型，包括安全相似系统数学描述模型，安全相似系统产生的机理模型及相似原理在安全系统中的运用思路模型。其中，安全相似系统数学描述模型通过构建安全系统和安全相似系统的数学公式，解读其基本结构及性质，回答了"是什么"的元问题；安全相似系统机理模型深入探究要素、自相似、他相似、系统整体显现之间的非线性关联，回答了"为什么"的元问题；安全相似系统实践模型分别从自相似与他相似两方面构建相似思想在安全系统的实践思维路径，回答了"怎样做"的元问题。基础模型的构建为相似原理在安全系统中的进一步研究与运用奠定基础。

1.3.1.3　安全相似系统学基础原理研究

确定安全相似系统学原理定义，给出安全相似系统学原理的描述、解释、预测指导、借鉴启示的功能，确定安全相似系统学原理的PCP结构。学科发展的视阈下，创建安全相似系统学学科原理体系框架。确定安全相似系统学原理创建研究的主要来源于：相似安全现象和相似安全问题和相似学、安全系统学的启示。在此基础上，并构建安全相似系统学原理研究的一般步骤。归纳安全相似系统学基本原理，包括安全系统局部和谐原理、安全系统信息原理、安全系统共适性原理及安全系统支配原理，并分别论述原理内容及其延展推论。

1.3.1.4　安全相似系统学研究方法论

为更好地指导学科研究工作的开展，从方法论的角度对安全相似系统学进行探究。论述安全相似系统学方法论定义与内涵，分析安全系统学方法论的特点，层次及原则。对安全相似系统分析的两大要素进行阐述，即相似元的辨析与构建，相似度的分析与计算，并以道路交通事故系统作为案例进行相似道路交通事故系统的相似元分析及相似度计算。

在此基础上，对现在应用较多的系统方法进行统计分析，并提出涵盖两条研究路线的系统方法研究的动态模型，为安全相似系统学分析提供基本手段。探讨了安全相似系统学相似性与相异性思维路径，进一步指明不同思维路径下安全系统的研究发展趋向。构建安全相似系统学研究的一般程式，安全相似系统学研究范式，为安全相似系统学的研究与发展指明方向。

1.3.1.5　安全相似系统学应用探讨

在安全相似系统学基础理论部分研究的基础上，对其中的安全相似系统分析，安全相似系统进行评价，安全相似系统管理和安全相似系统模拟做初步建设性探讨。实践分支领域探讨的重点主要集中于内涵分析，一般步骤及相关案例的列举分析。

1.3.2　研究意义

安全相似系统学将相似学、相似系统学先进的理念、思想及方法运用于安全系统中。因此，作为安全科学中全新的学科分支，安全相似系统学的提出与创建具有以下几点研究意义。

（1）通过安全相似系统学的开展，最直接的意义是为安全系统研究探索提供全新角度和分析问题的思路。运用相似学理论，把复杂的安全事故（负安全相似系统）、安全现象（正安全相似系统）的表象进行深化，探索现象背后的本质特征，让关于安全系统的分析研究不仅局限于其错综复杂的表象，以相似的思想抓住安全系统精髓。

（2）运用相似学的度量分析方法，将相似元的分析辨识、相似度计算用于安全科学及安全系统的分析，可以产生多种安全系统分析、相似模拟、相似评价的方法，提高安全系统分析实践效果，为安全人员分析问题，解决问题提供有利的工具，并带来新的启示。

（3）通过安全相似系统学的创建及理论体系与实践方法的逐步完善，丰富安全科学的学科体系。在理论方面，新增加了安全相似系统理论，以及由相似理论延展而来的新的研究思路与方法。在实践方面，重塑人们在实践中对于安全系统的认识、明晰了安全系统解决问题的思路。不同的分析角度会得到全然不同的结果。虽然众多安全系统看似复杂多样，但通过相似的思想探查其相似特征、相似元，进一步分析其系统层面，循序渐进，使得一切疑难问题都有迹可循。

（4）安全相似系统学对于安全科学的研究有重要的哲学层次的指导意义。通过相似的思想与理念，有利于帮助研究人员深入把握各色各样安全系统在元素、结构、功能、层次上平衡方面相同与差异间的辩证统一，并指导其在研究实践中方法思路的选择。

（5）安全相似系统学既可以作为安全科学中安全系统科学的下属学科分支，同时由于相似理论跨属性跨边界的应用特征，又可以作为安全科学及安全系统学的工具性方法学科，为安全系统及安全科学的研究提供了全新的视角、思路和启发。相似的思想自古流传至今，普遍应用于生活与科学领域，将相似理论引入安全科学，极大地促进了安全科学基础理论及应用研究。并且其独特的多维度、多属性的综合性视角，可有效地推动安全科学及安全系统学研究的发展与思辨。

第2章

安全相似系统学的提出与创建

安全相似系统学是以相似的视角剖析安全系统中的安全现象、安全事故、安全问题。安全相似系统学的提出与构建，为分析和探索安全系统提供了全新的视角，促进了安全系统学及安全科学的发展。由于安全系统学覆盖内容宽泛，研究对象涉及安全生产生活中的每个层面，以及安全系统学自身的综合交叉属性，使得安全相似系统学的研究对象，内容及学科属性也是多层次复杂的。为了规范安全相似系统学的研究工作，我们对相关的基本概念、学科定义、内涵、属性进行界定，并构建其学科分支体系。

2.1　基础核心概念

2.1.1　相似

相似现象普遍存在于自然界与人类社会中，例如海岸线的相似，树叶脉络的相似，日月每天运行轨迹的相似，原子结构与太阳系结构之间的相似性，动物迁徙习性的相似，不同人类个体间结构、功能、器官的相似，等等，相似现象无处不在。古希腊哲学家赫拉克利特说过，人不能两次踏进同一条河流。这句话形象地表达了关于"变"的思想：河流中的水是流动的，当人第二次进入这条河时已是新的水流。从哲学层面辩证了静止与运动的关系，同时，也涉及三个名词：相同、不同、相似。世界上没有绝对一样的两样事物，也不存在绝对孤立的两样事物，有的是相似的事物。同理，对于安全，没有绝对的安全和绝对的危险，多的是处于安全与风险间的相似的灰色状态。

相似是不以人的意志和主观感性认识所转移的客观存在状态，是客观事物在相同与相异之间达到或妥协到平衡的一种状态。

若将两事物间的相似程度以 Q 表示，那么，相似的范围可记为式(2-1)：

$$Q \in \{Q \mid 0 < Q < 1\} \tag{2-1}$$

相同与相异的是相似的两端极致，即当 $\lim f(Q) = 1$ 时，代表相同；当 $\lim f(Q) = 0$ 时，表示相异。

就思维科学和辩证法的角度而言，相似性是人们在反映外部世界时，对两个及以上事物的表现进行比较的过程中，产生感性认识，即相似性是主观对客观事物的反映。根据不同的划分依据可对相似类型进行划分[107]，表 2-1 详细地列举了相似类型的划分依据及其包含的相似种类。

表 2-1　相似类型划分

划分依据	相似类型	注　解
特性的精确与模糊	经典相似	相似特性可用经典数学描述，并能精确确定相似度的相似为经典相似。不仅要求性质同类性，并要求各单值量的线性变换系数相等。如边长不同的两个等边三角形，周长不同的圆形等
	模糊相似	凡相似特性带有模糊性称为"模糊相似特性"，模糊相似的特性相似称为"模糊相似"。如一个直角三角形与等边三角形，两具人体骨骼等
系统间或系统内	他相似	不同的系统之间的相似，称为他相似。如两个同类型化工企业的安全管理系统之间的相似，同类型的事故之间的相似，等等
	自相似	自相似表现为系统要素、结构或子系统与该系统在不同空间尺度或时间尺度具有的相似性，如树干与树枝的性态的相似等
维度的不同	时间相似	时间的相似主要表现为时间维度上的有序性，如往复运动的钟摆，地球绕太阳的周期性元转等
	空间相似	空间相似包括轨迹相似、运动相似、功能相似，等等

系统[108-110]是由多个要素构成的有机整体，要素之间互相关联、互相制约并互相作用。当系统之间存在相似性要素或相似特性时，称两系统为相似系统，即一系统相似于另一系统[111,112]。同理，相似系统是相同系统与相异系统之间的系统状态，也是自然界及人类社会所普遍存在的系统形式。以人类系统为例，人体包含了运动系统、消化系统、呼吸系统、内分泌系统、神经系统等多种系统，各系统之间在人体内彼此协调工作，确保了人的正常健康状态。同时，可以发现，所有的人，他们都有这些身体机能所必备的子系统，并且这些子系统都是相似的：人都有运动系统，虽然有的人上半身发达，有的人更擅长于下半身的田径运动，但他们的运动系统的构造、机能、属性都是相似的，只是它们实现功能的能力、结构的大小不同而已。

根据上述人体的实例，也从中证实了一个问题，就是相似的层次性。显而易见，相似的人体、相似的肢体、相似的器官、相似的细胞活动，他们是从属不同层次的。相似性赋存于系统之中并显现出来，而系统具有的层次性，也决定了相似的层次性。

2.1.2　安全科学里的相似

相似现象在安全科学领域中同样是无处不在的，最常见的是诸多相似的安全事故。表 2-2 列举了部分常见的相似事故，包括相似的滑坡事故、相似的火灾事故、相似的爆炸事故、相似的沉船事故，等等。

表 2-2　相似的事故列举

相似的事故类型	相似事故列举	
相似的滑坡事故	2015 年 12·20 深圳滑坡事故，造成 73 人死亡，17 人受伤，直接经济损失为 8.81 亿元	2008 年山西新塔矿业尾矿库溃坝事故，造成 277 人死亡，33 人受伤，直接经济损失达 9619.2 万元
相似的建筑物火灾事故	2009 年中央电视台新址大火灾，造成 1 名消防队员牺牲、8 人受伤，成直接经济损失 1.64 亿元	2010 年上海教师公寓火灾，导致 42 人遇难
相似的爆炸事故	2015 年天津港火灾爆炸事故，造成 165 人遇难、8 人失踪，798 人受伤，直接经济损失高达 68 亿元	2014 年 8·2，江苏省苏州昆山市中荣金属制品有限公司特别重大爆炸事故，造成 97 人死亡，163 人受伤，直接经济损失 3.51 亿元
相似的沉船事故	2015 年长江游轮"东方之星"沉船灾难，456 人遇难	1999 年山东大舜号沉船灾难，共 280 人遇难或失踪
相似的道路交通事故	2012 年陕西延安长途卧铺客车特大交通事故，两车起火，造成 36 人死亡	2016 年长途卧铺客车重大交通事故，事故造成 26 人死亡，4 名受伤
相似的锅炉爆炸事故	2012 年，宁波市北仑港发电厂锅炉爆炸事故，死 23 人，伤 24 人重伤 8 人	2016 年，湖北当阳高压蒸汽管道爆管事故，事故造成死亡 21 人，受伤 5 人，3 人重伤

表 2-2 列举的相似事故仅仅是相似事故中的冰山一角。事实上，相似事故发生在人们生活中的各个角落，生产中的各行各业。相似事故，它们或许有着相似的事故诱发原因（管理不善、人员忽视、环境恶劣，等），相似的事故发生背景（行业背景、环境背景、企业文化背景等），相似的事故伤害类型（火灾、触电、坠落等），造成相似范围的危害，等等。在人类的整个农业及工业发展进程中，相似的事故总是不断地发生。这些相似事故的存在，是安全科学中相似现象的一大核心组分。

相似的事故，根据事故的发生地点、事故引发原因、事故救援措施等的相似可对相似事故进行具体划分。由于事故所包含的因素众多，依据每一个事故因素对相似事故进行事故划分是不现实的，且不是所有的相似因素都对事故分析和事故预防有意义。因此，综合整理有助于事故分析及事故预防的因素作为划分依据，对事故进行相似事故类型划分，参见表 2-3。

表 2-3 相似事故类型

类 型	注 解	作 用
相似事故诱因	大量相似事故发生的原因是相似的。例如工程中的触电事故,多是由于操作者的疏忽大意或是指挥者的强行指挥造成的;驾驶员的疲劳驾驶、醉酒驾驶就可能导致相似的交通事故	相似的诱因极有可能导致相似事故的发生,相似的事故其诱因也可能是相似的。根据相似的事故及相似的诱因,可以帮助研究者更有针对性地进行事故预防和事故分析
相似事故类型	我国国家标准 GB 6441—1986《企业职工伤亡事故分类》,将事故类别划分成 20 类,如车辆伤害、机械伤害、触电、淹溺、火灾、坍塌、透水、火药爆炸等。对于相似事故类型的划分中,也可借鉴此分类方法	相似的事故类型,其事故原因及其事故带来的伤害有可能是相似的。据此,可以根据相似事故类型进行事故分析,事故预防
相似事故发生地	总是存在某些相似的地点容易发生相似的事故,如多岔路口是交通事故的多发路段;烟花爆竹制造厂容易发生爆炸事故等等	在相似的事故发生地点,可有针对性地对该地容易引发的事故的原因进行分析,并进行针对性事故预防
相似事故时间段	例如春节时期,多发生烟花爆竹引发的火灾及居民伤亡事故;在冬天的雨雪天气,容易发生交通事故;半夜及凌晨时间,由于疲劳工作,是施工事故的多发时间段	在这些容易引发某些相似事故的特定的时间段,有利于我们有针对性地提高警惕,预防事故
相似事故多发群体	事故多发群体主要是员工对于作业环境、工序的不熟悉,不适应,从而容易产生一些不安全的心理,在工作中产生一些不安全的行为,从而导致事故的发生	可对易导致相似事故的员工进行集中教育、学习。增强相似事故多发群体的安全意识与安全技能,预防相似事故再次发生
相似事故教训	根据相似的事故往往会得到相似的经验和教训,反之,相似的事故经验教训也可给相似的事故预防进一步的反馈	事故教训给予我们的是通过教训,总结经验,预防相似事故的再次发生
相似事故救援措施	一般的,相似事故的救援措施是相似的,相似的救援预案对应的事故也是相似的	以相似的理论,当面对相似事故时,可在短时间内依据相似的救援应急预案进行组织事故救援
⋮	⋮	⋮

另一方面,在工程中,存在很多企业、单位、部门、工作小组和施工作业人员,他们可以长时间维持在安全的生产工作状态,这其实也是一种相似,安全就是一种相似。从安全的视角来理解,造成事故的原因是多种多样的,而要维持安全的状态,却要依靠多方面因素的共同配合,例如操作人员的安全意识,人的健

康状态，先进的安全管理模式，等等。每个环节环环相扣，共同作用，保证各环节都运力运行，才能保证整个系统最后的安全状态。

综上，我们将安全领域中的相似可以按照人们主观意愿是否愿意接受（即消极的与积极的方面）进行划分，即相似的安全状态和相似的事故状态两方面，将相似的安全状态称为"正相似"，相似的事故状态称为"负相似"。

正相似：事物及事件按照积极的方向发展，形成人们乐于接受的相似形式，例如各种形式的人、组织、企业、系统等的安全操作、安全状态、安全运行，等等。

负相似：事物及事件按照消极的方向发展，所形成的相似并不是人们愿意接受的，例如相似的安全事故，相似的风险，相似的误操作等，这些相似可能为人们带来人员伤亡或财产损失。

2.1.3　安全相似系统

由于事故及安全现象的复杂性，人员的环境依赖性及其在安全事件中的高度参与性，使得安全事件的分析研究并不能像线性方程求解那样简单。安全系统学[113,114]是以系统思想为中心，通过系列的系统方法及手段来保障并提高人类生产、生活及生存的安全状态的一门新兴学科，是安全学科领域的重要组成部分。安全系统具有多层次，多种体现形式。例如，一个完整的体系可以作为系统[115,116]，如一个国家的安全监管体系[117]、一个企业的安全管理组织机构；一件有始有终的事件也可以作为系统，如一次交通事故、一次误操作事件。事实上，任何与安全相关系的大大小小的问题都可以用安全系统的方式表达。

当两个安全系统存在相似性时，称为安全相似系统。安全相似系统在我们生活中也是常见的。例如，化工厂相似的事故预警系统、新员工相似的安全培训系统、施工人员与他所处环境的人机系统、人机环系统等。安全相似系统是多种多样，无处不在的。

安全相似系统的分类，可以依据系统学及安全系统学中关于系统及安全系统的分类方法对安全相似系统进行分类。例如组成要素是物质的还是概念性的分为相似物质安全系统和相似概念安全系统；根据系统的静态或动态特性，分为静态安全相似系统和动态安全相似系统，等等。但这些分类方法并不是以安全相似系统中的"相似"为中心点进行切入的，不具有相似性分析的针对性特殊意义。

当把着眼点聚焦于"相似"时，首先，可依据相似程度，将安全相似系统划分为：相同安全系统，安全相似系统和相异安全系统。

（1）相同安全系统：系统间对应组分相同，对应因素特性值相同。

（2）相异安全系统：系统间不存在对应的相似要素和相似特性。

（3）安全相似系统：处于相同安全系统与相异安全系统之间状态的安全系统。

不管是从哲学角度还是安全系统人因特性的角度，处于相同安全系统和相异安全系统之间的安全相似系统都具有更大的研究意义。

结合表 2-1 关于相似的分类，分别根据系统特性的精确与模糊性及相似的层次对安全相似系统分类：

2.1.3.1 根据安全系统特性的精确与模糊性分类

根据安全系统特性的精确与模糊性分为经典安全相似系统和模糊安全相似系统。

（1）经典安全相似系统。经典相似系统指的是相似系统的特性可用经典数学描述的安全系统。系统特性各指标向量值可用经典数学来描述，系统间特性的单值量对应成比例。例如，工程中的机械器材组，环境系统中的温度、湿度、光照等。但是由于安全系统中离不开人的参与，而人具有高度的复杂模糊特性。因此，绝对的经典安全相似系统是极少的。

（2）模糊安全相似系统。安全系统因素间的相似具有模糊特性，安全系统相似特性值可用模糊数学[118-120]来表示。由于人的复杂模糊特性，我们所研究的大多数安全相似系统都可以归为模糊安全相似系统。

2.1.3.2 根据相似系统的存在层次分类

根据相似存在的层次不同，分为自安全相似系统和他安全相似系统。

（1）不同层次的安全系统间存在对应相似要素或相似特性时，构成自安全相似系统。如安全系统中，单个人的行为与群体的行为相似；安全信息在不同层次的系统间的传递的相似性，等等。

（2）不同的安全系统之间存在相似要素或相似特性，构成他安全相似系统。如 2015 年 8 月的天津港爆炸事件系统与 2010 年昆明全新生物制药有限公司的爆燃事故系统，构成负安全相似系统。从事故预防研究的角度，他相似是安全相似系统学研究的重点。

最后，根据前文对于安全中的相似的分析，依据"正相似"和"负相似"的思路，可以将安全相似系统以积极或消极的层面来划分为正安全相似系统和负安全相似系统。

（1）正安全相似系统。指的是积极的安全系统的发展方向，在运行过程中，始终保持安全状态的系统。

（2）负安全相似系统。系统呈相似消极的发展方向，如发生事故，产生损失等，是人们生活中所不愿意接受和面对的安全系统，又称相似事故系统。

2.2　安全相似系统学的提出

2.2.1　安全相似系统学

同类事故为何一再重复发生？生产中操作者为何常犯同样的错误？即负安全相似系统为何总是存在？如若探究其原因、过程和环境，会发现其根源在于这些事故或错误所赋存的系统具有许多相似之处，其相似不仅在于看得见的物境的相似，并且存在于人们看不见的心理、生理、压力、氛围等的相似。另一方面，可以观察到，生活和生产中更多的系统，它们能够长时间保持安全状态，这些正安全相似系统都同样能够安全运行的原因何在？其实质是这些系统的安全性存在着相似之处。

在工程实践中，事故或安全现象的发生与存在，在其赋存的各种系统间都可能存在着相似性。把握隐藏在相似现象背后的本质机制，这是建立安全相似系统学的基本思想。例如，预防事故的3E（工程、教育、管理）对策从相似意义上讲，安全工程是为了使物和环境的特征适宜人的安全，对于真正安全的工程，所有的物和环境都具有人机匹配的相似性[121,122]；安全教育是为了使人们的观念、态度、知识、技能等趋于一致或相似，比如遵守交通安全规则的教育，就是要使大家的思想和行动都符合交通规则的规定；安全管理是为了使人们的行为趋于一致或者相似，比如企业员工遵守安全操作规程，实行作业标准化等。至于同类系统存在似是而非的中间状态，是介于完全相似和决然不同之间的状态，即存在风险的状态。但实践应用例子绝不等于理论，更不等于学科创建。安全相似系统学的创建也是符合这一基本规律的。目前在国内外数据库中并没有发现将相似理论正式运用于安全科学理论研究的文献，也还没有学者从学科建设的高度将相似学与安全科学联系在一起。因此，本书著者基于对安全科学中相似现象的思辨，创建一门全新的安全学科分支——安全相似系统学。

通过对事故或安全现象规律的哲学思辨，从安全科学的视角来审视事故或安全现象[123]，本着观察、比较、借鉴、实践验证的学科加工原则[124]，结合相似学、相似系统学及安全系统学的主旨内涵，提出安全相似系统学定义：安全相似系统学是以人的身心安全健康为着眼点，围绕系统内部和系统之间的相似特征，研究相似系统的结构、功能、演化、协同和控制等的一般规律，进而对系统安全开展相似分析、相似评价、相似设计、相似创造、相似管理等活动，寻求实践安全效果最优化的一门安全学科分支。

关于安全相似系统学的学科内涵及本质属性可从以下几点得到进一步理解。

（1）系统方法论是安全相似系统学的指导思想，安全科学、安全系统学、相似学及相似系统学的相关理论知识与实践技能是研究安全相似系统学的基础，而相似的思想及相似度表达方法是研究安全相似系统学的基本途径和工具。

（2）安全系统间相似性的分析，可从安全系统的功能、结构、演化等角度，比较安全系统对应组成要素之间、组成要素与系统整体，以及系统与系统之间的相似特征、相似特征与系统功能关系和相似度大小等。

（3）安全相似系统学既研究相似安全理论问题，又开展相似安全实践问题，其研究对象不仅是构成安全系统的物质、能量、信息，更重要的是在安全系统中占主导地位的"人"，这是相似系统以及传统的系统学所忽略或不够重视的。由安全科学研究的目的是为了人的安全，决定了安全相似系统学更注重"人因"的研究。

（4）基于人在安全系统环境中的决定性作用，在安全相似系统学中对于"人因"的研究应包括人的观念、意识、文化、道德、心理，伦理等方面的相似问题。这是由于人的行为会受情绪、心理、欲望、环境、文化、道德、观念等因素的影响。同时，人可能是事故灾害的受害者，也可以是制造事故灾难的始作俑者或参与者，更是减少危险发生的防治者，安全系统的设计者、开发者及管理者等。"人"比物质、设备等更加不稳定。

（5）在对安全相似系统进行研究时，其关注点不仅仅在于安全系统内部的组成部分，而应注重安全系统与安全系统之间的关系，安全系统内部与之存在环境之间的关系，以及安全系统与之参与者之间的关系。安全系统的特性不是由系统单方面决定的，尤其是安全相似系统这样的与人密不可分的系统。系统特性是与之作用对象共同决定的，并受其存在环境、时机、场合等因素影响。即安全相似系统科学中，同样离不开人-机-环三要素的共同作用。

（6）安全相似系统学的研究目的是运用相似学、相似系统、安全科学的理论与方法，研究一切与安全系统相似性有关的现象和问题，组建安全相似系统，在安全系统间实现相似特征，解决安全相似系统分析、评价、建模、预测、决策、管理等问题，发展安全共性技术，寻求安全系统运行效果的最优化。

2.2.2　创建的可行性

在有了安全相似系统学这一学科构建的概念之后，考虑建立安全相似系统学在客观上是否是可行的，该学科是否具有好的发展潜力和研究厚度，需要进行学科创立的可行性分析。图 2-1 为安全相似系统学学科建立的可行性分析，分别从学科特性，研究对象等方面列明了安全系统、相似系统与安全相似系统之间的关系，并表明了安全相似系统学学科创建的理论可行性。

（1）由于安全领域具有巨大的时空跨度，几乎涉及人类所有的领域，从安全科学与安全系统自身出发，安全是一个具有综合性、边缘性、多学科交叉的复杂系统，其本身的高兼容性，是容纳其他学科知识的前提。事实上，目前，安全科学中大部分的学科知识均来源于其他相关学科领域，如安全系统学便是系统科学在安全领域的运用与发展。还有新兴学科如比较安全学、安全法学、安全统计学，等等。这些已成功创建并发展的学科，为安全相似系统学的发展与完善提供

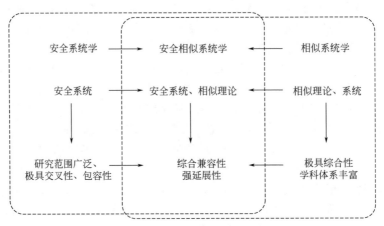

图 2-1　安全相似系统学学科创建的可行性分析

了榜样和学习的途径。

　　同时，安全系统的多元素性，其隐含着无穷多的自相似和他相似系统。因此，安全相似系统学的研究也具有广阔的研究领域和研究对象，并且具有广泛的应用范围。

　　（2）从相似学发展出发，经典的相似理论已发展出多分支学科，如相似工程系统、仿生系统等。这些学科分支创建的思想都是以充分研究相似现象为基础，以求深入把握事物的本质，将相似原理应用于工程或生态研究之中。同样，相似系统学科自身的充分发展，其丰富的理论知识和实践方法，为安全相似系统学的创建与实践提供了经验和借鉴。

　　（3）从相似系统与安全系统的关系出发，相似系统与安全系统都是以系统为研究对象。那么，此二者之间必然存在着从结构、层次、要素到功能、应用之间不言而喻的关联，这些关联为相似学及相似系统学在安全相似系统学中的应用奠定了坚实的基础。

　　（4）在国务院学位委员会第六届学科评议组制订了《学位授予和人才培养一级学科简介》中[125]，安全系统工程是科学与工程一级学科中的一个二级学科。安全相似系统学是安全系统工程的主要学科分支，由此也说明安全相似系统学具有一定的地位，可以构成安全系统工程的一个学科分支。

2.3　安全相似系统学学科性质

2.3.1　学科基础

　　学科基础，是一门学科发展的根基。学理上而言，安全相似系统学一方面是相似学，相似系统学与安全系统学的交叉学科，另一方面又属于相似系统学在安全科学领域的学科分支，因此具有多层次的学科基础。

2.3.1.1　唯物辩证的思想基础

相似本身体现的就是事物在相同与差异间辩证统一的关系。安全相似系统学利用相似的思想，分析、比较安全系统中的相似现象，因此必然要求研究者以唯物客观的角度进行研究，不仅要抓重点，还要着眼于系统、整体的相似，避免一叶障目的主观观念。

2.3.1.2　基础学科

基础学科包括：相似学、相似系统学、系统学、安全科学、安全系统学、信息系统、自然科学、社会科学以及涉及人方面的无形系统、非物质系统等。它们为安全相似系统学的创立构建提供了坚实的基本原理知识体系，为安全相似系统学的工程实践提供丰富的应用背景。众多学科体系较为成熟的构建发展为安全相似系统学的发展和完善提供了框架、体系及经验的借鉴。

2.3.1.3　工程技术学科

工程技术学科包括：相似工程、相似机械工程、相似系统工程、安全工程、系统工程、安全管理工程、系统可靠性以及各种安全工程技术，等等。安全相似系统学学科的发展应用必然离不开这些工程技术学科的支持。

以安全相似系统学为中心，安全相似系统学与其他安全科学学科的关系可用图 2-2 来表示。

直观的，安全相似系统学是在安全系统学与相似学的基础上发展而来的，但由于相似理论及安全系统学都具有广泛的应用空间，其研究对象几乎涉及了人们生产、生活的每个领域，因此，安全相似系统学的发展与壮大必然离不开社会科学、技术科学、自然科学及哲学等科学领域的其他学科的支持和依靠。

2.3.2　学科概念体系

学科概念体系是以概念名词为基本的组成形式，从上而下，通过下层概念名词对上层概念名词进一步细化，逐步清晰了整个学科的关键节点的一种学科自身体系描述的方法。每个相对成熟的学科都有其自己的概念体系，一般包括三个层次的概念：核心概念、基本概念、主要概念。核心概念，即该学科最基本、最根本的事情。毋庸置疑，对于安全相似系统学而言，核心概念是安全相似系统。

对于安全相似系统学核心概念是安全相似系统这一说，做如下深化理解：安全相似系统学的基本研究对象可以理解为安全相似系统，也可以理解为安全系

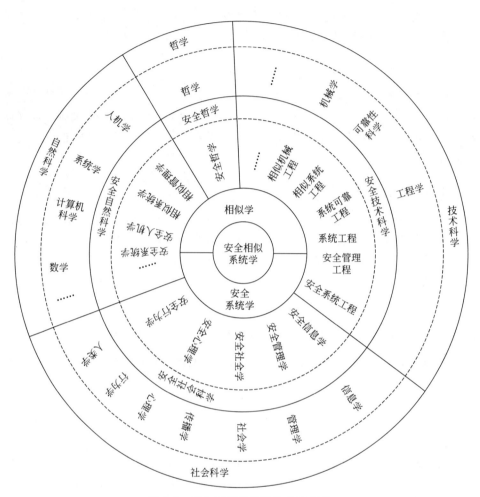

图 2-2　安全相似系统学的学科基础

统，当以"安全系统"为研究对象时，"相似"作为一种方法、思想或研究思路，作用于安全系统的研究。当以"安全相似系统"为研究对象时，注重的是安全系统之间的相似性的对比、分析，通过相似的安全系统间的共性分析，寻求安全系统的本质特征。不管是安全相似系统或安全系统为研究对象，安全相似系统学的学科核心主旨是以相似理论为思路方法，为安全系统的研究提供全新的思路并助力于安全系统研究的应用与完善。

图 2-3 为安全相似系统学学科概念体系。通过学科概念体系，可以较为清晰地了解该学科的主要研究对象。

通过构建安全相似系统学概念体系，以安全相似系统为基点，按照科学概念的演绎逻辑向外扩展，逐步细化安全相似系统的概念，并通过衍生而来的关键词，寻找安全相似系统学学科具象化的思路。

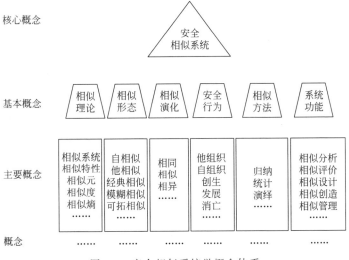

图 2-3　安全相似系统学概念体系

　　基本概念是对核心概念的延展和解释，通过多个细化概念对核心概念做进一步描述。安全相似系统的基本概念包括：相似理论、相似形态、相似演化、安全行为、相似方法、系统功能。安全相似系统的基本概念涵盖了作为一门学科所必需的相似理论和相似方法，涵盖了安全系统系统功能、结构及演化的基本层面（安全行为、系统功能），也包含了安全相似系统自身描述及动态演绎（相似形态、相似演化）。通过安全相似系统的基本概念，可以较为系统地厘清安全相似系统这一大轮廓概念包含的核心概念。

　　主要概念是对基本概念的进一步解释、细化和分解。

　　（1）相似理论。在相似理论的框架下，包含了相似科学最基础的概念，有相似系统、相似特性、相似元、相似度、相似熵，等等。相似系统是相似理论的基本研究对象；相似特性指的是描述事物或系统的相似指标；相似元是安全相似系统间对应的相似要素；相似度和相似熵是对系统或属性间的相似程度的定性度量。其中，关于相似元，相似度是安全相似系统分析计算的重要元素，详细讲解参见本书 5.2 部分。

　　（2）相似形态。万事万物都有各自的形态，同样的，相似也有其独特的形态，也就是相似的种类或类型。根据产生相似特性的对象之间相关关系，相似有自相似和他相似，根据相似指标的数值特性，可分为经典相似、模糊相似、可拓相似，等等。详情请参见表 2-1。

　　（3）相似演化。相似是描述客观事物处于相同和相异间的一种平衡状态，当突破这种稳定状态时，物体的相似状态也会发生变化。当系统间相似程度增加时，会趋向"相同"的系统状态，当系统间相似程度降低时，趋向"相异"的系统状态。从相似系统的演化，可以进一步推导，在学科视角下，安全相似系统学根据相似程度的变化而可能衍生出的新学科，如事故学，灾害学，安全协同学，安全和谐论，等等。

（4）安全行为。安全相似系统的行为包括了安全系统的他组织，自组织，安全系统的创生、发展和消亡，还包括安全系统的整个生存周期。相似，存在于安全系统整个生存周期的各个阶段。

（5）相似方法。相似元的分析，相似度和相似熵的计算是相似理论运用的基本工具。当以相似理论运用于安全科学时，由于安全系统与安全现象的跨时空、跨领域的多维特性，安全学科的归纳、演绎、统计分析方法必然也是安全系统相似分析的重要手段。

（6）系统功能。系统分析、评价、管理是安全系统工程实践的重要组成部分，参照安全系统的工程实践范围与相似科学的学科属性，确定安全相似系统学的系统功能为安全系统相似分析，安全系统相似评价，安全系统相似设计，安全系统相似管理，安全系统相似创造。详细参见 2.3.4 部分。

通过对安全相似系统学科概念体系的了解，有助于厘清安全相似系统学的学科主线及主要纲领，帮助我们理解和掌握安全相似系统学的概念主体。

2.3.3　研究内容

任何一门成熟的学科，都离不开完整丰富的理论体系的支持及实践经验的进一步发展。安全相似系统学是一门致力于通过将相似理论运用于安全系统的分析研究，从全新的视角研究安全系统的组分、运行、演化等，来提升并实现系统安全状态的学科。同时，由于安全相似系统学与安全系统学的从属关系，对于安全相似系统学的研究内容可根据安全系统的研究内容来确定。安全系统学的研究内容可分为两大模块，即"理论模块"和"应用实践模块"。结合安全相似系统学的安全相似系统特殊的研究对象，以及将相似理论运用于安全系统理论与实践研究的创新性，可进一步将安全相似系统学研究内容作初步划分，参见表 2-4。

表 2-4　安全相似系统学研究的模块划分

研究模块	释　义	发　展
认识模块	安全相似系统学基础理论研究包括：安全相似系统的组成、结构、特性、与环境的联系、学科特点、安全相似系统演化及规律、功能实现、安全相似系统方法理论等	形成安全相似系统研究的原则、方法，以安全为着眼点，对安全相似系统学进行研究，发现安全相似系统演化的规律等
应用实践部分	方法及技术应用实践包括：在系统学理论部分的指导下，研究适用于安全领域并可以解决实际安全问题的方法、技术、规律等	通过运用相似理论及改进安全系统的方法与技术，提高安全系统效能，达到安全生产、生活的目的

同时，在已构建的安全相似系统学的概念体系基础上，可进一步确定安全相似系统学的主要研究内容。结合安全系统、系统学及相似学，将安全相似系统学研究内容分为四个层次，如图 2-4 所示。图 2-4 所示的研究内容是对表 2-4 中所显示的两大模块的延展与进一步细化。

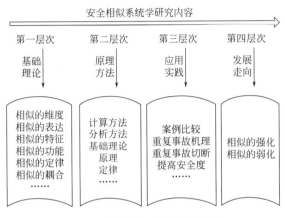

图 2-4　安全相似系统学研究内容

第一层次的研究内容为理论基础层次，该层次包括了安全相似系统学基础的概念、分类、方法、对象、定律、特征等，这些概念元素是构成学科的必要基础并贯穿于整个学科体系。如果把安全相似系统学体系看作是一棵树，第一层次的研究内容就像是构成树的基础细胞，不管处于哪个发展阶段都是学科成长不可或缺的。

第二层次的研究内容是安全相似系统原理和方法的研究，一个学科是否成熟的表现是看其是否有较完整的原理和方法体系。安全相似系统学的原理和方法由第一层次的概念元素构成，它们主要用于指导安全相似系统及安全系统的应用实践工作。

第三层次的研究内容可以统称为安全相似系统工程，主要研究安全相似系统的应用实践，例如应用相似理论对安全系统案例进行比较、分析、评价和设计等。这些实践内容是安全相似系统学第二层次内容的延展，通过安全相似系统工程研究最终达到提高系统安全可靠性的目的。

第四层次的研究内容是根据相似程度的不同，寻找安全相似系统向极值方向演化的各种特定状态及其效果。安全相似系统学的第四层次研究内容如果用"学科树"表示，其扮演着定向功能，即树干的各枝干的生长方向和长势。

安全相似系统学的四个层次研究内容构成了研究安全相似系统学的一种研究体系。

对于安全相似系统学的研究，需要强调以下几点：

（1）安全相似系统学虽然在安全领域还处于起步阶段，但是关于相似理论及安全系统工程的研究已有百年历史，关于安全工程的技术更是历史悠久，对于安全的意识更是由远古时代延续至今。安全是人类生存的最基础，最本性的需求。因此，对于安全相似系统学的研究并不是无据可依的。

（2）由于人的因素在安全系统中起着至关重要的作用，因此，安全相似系统学不仅仅包含了自然科学，更应注重人理学、生理学和人文社会科学等的研究。因此，对于安全系统学的研究方法，应既涵盖人学和社会科学，又有自然科学的研究方法。

（3）安全相似系统学虽然是安全系统学的分支，但其基本的研究资料及学术成果严重匮乏。对于安全相似系统学的研究，一定程度上可以理解为安全相似系统工程这门技术学科的提升，同时也是传统的安全系统（或系统安全）的延展与升华。

（4）安全科学学科及安全系统学的理论体系是在认识与解决人类生产及生活过程中事故、灾难等安全问题的过程中逐步形成的，自然科学和社会科学的通用研究方法亦适用于安全科学学科的分支学科——安全相似系统学。因此，安全相似系统学的研究兼具相似学与安全系统学的特性，需将这两门不同学科进行有机的取舍与结合。

2.3.4　应用领域

安全相似系统学是系统学、相似学、比较学与信息学、心理学、管理学、社会学、环境学和工程学等的多学科交叉分支学科。它是相似学的分支，与相似系统学及安全系统学有着不可分割的联系。对于安全相似系统学应用领域的划分，可参照安全系统的工程实践范围来做初步划分，其中，安全系统的工程实践参见表 2-5。

表 2-5　安全系统学应用领域划分

安全系统工程 实践范围	解　　释
安全系统分析	根据设定的安全问题和给予的条件,运用逻辑学和数学方法来描述安全系统,并结合自然科学、社会科学的有关理论和概念,制订各种可行的安全措施方案,通过分析、比较和综合,从中选择最优方案,供决策人员采用。因为系统安全分析的对象是系统存在的危险性,所以这种分析又称为"危险分析"
安全系统评价	也称为风险评价或危险评价,它是以实现工程、系统安全为目的,应用安全系统工程原理和方法,对工程、系统中存在的危险、有害因素进行辨识与分析,判断工程、系统发生事故和职业危害的可能性及其严重程度,从而为制订防范措施和管理决策提供科学依据。按照实施阶段的不同分为三类:安全预评价、安全验收评价、安全现状评价

续表

安全系统工程 实践范围	解 释
安全系统管理	为实现安全目标而进行的有关决策、计划、组织和控制等方面的活动;主要运用现代安全管理原理、方法和手段,分析和研究各种不安全因素,从技术上、组织上和管理上采取有力的措施,解决和消除各种不安全因素,防止事故的发生。安全管理的对象是生产中一切人、物、环境的状态管理与控制,安全管理是一种动态管理
安全系统预测 与决策	安全预测的其中一个重要作用就是分析评价安全系统中的不确定因素,以及每种因素所承担的风险及风险发生的程度,帮助决策者了解事故发生的后果,优化风险决策 安全系统决策是在安全系统过去、现在发生的事故分析的基础上,对系统未来事故变化规律作出合理判断的过程 安全系统预测与决策的基础都是安全系统分析

依据表 2-5 安全系统的实践分类,同时根据安全相似系统学的属性和涉及的相关学科,可确定安全相似系统学的应用领域和作用目标,参见图 2-5。

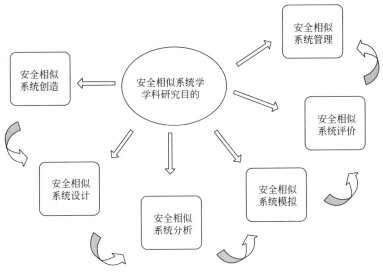

图 2-5 安全相似系统学实践领域

2.3.4.1 安全相似系统创造

所谓安全相似系统创造,是通过认识已经存在的理想安全系统的性质和特征,依照相似性科学原理,创造出更加安全、功能更强的新的安全系统,为提高人类安全状态和造福人类的一系列创造过程。安全相似系统创造的规律有:模仿相似创造、相似创新、相似启示创造等。

2.3.4.2　安全相似系统设计

安全相似系统设计指的是基于安全相似性形成原理，以相似系统建模、相似要素映射、相似特征变换、相似单位重构或重组、相似信息重用、相似模拟等为手段，进行新的安全相似系统设计的一系列实践过程。

虽然安全系统的种类繁多、层次不同，但对于不同类型或层次的系统，支配其相似特性的本质原理是一致的，因此其设计过程及方法均有相似性。例如，常规安全教育系统的设计，在不同的地区或环境条件下都存在相似的过程，尽管存在着规模、方式等的不同，但是开展安全教育的方式方法都可以是相似的。

2.3.4.3　安全相似系统分析

相似性的本质是系统间客观特性的相似，由于系统属性的客观性，使得相似性是不依赖于人的主观感性而存在的。在安全科学研究中，如何定性地描述安全系统间的相似、计算安全系统间的相似度，可为不同安全系统的相互借鉴和认识，进一步探索安全系统的未知相似性，进行安全系统相似规律及应用等提供分析途径等。

关于安全系统相似性分析，主要包括安全系统相似特性分析、安全系统相似元分析、安全系统相似度分析等。

2.3.4.4　安全相似系统模拟

安全相似系统模拟的基本概念是基于安全系统相似性，以实体模型或数字信息处理系统等软件为手段，模仿真实的安全系统，或是以某一系统模拟另一系统，使模仿系统或与被模仿系统之间构成相似系统。通过模拟安全系统之间相似特征本质联系，使得模仿的安全系统与被模仿安全系统一样，可以接受相似指令，执行相似任务，具有相似的安全功能。

通过对安全系统的相似模拟仿真，可由已知安全系统的特性探求另一未知系统特性，为认识、改进、利用系统提供信息，为安全相似系统设计时参数、过程与管理方法的选择提供依据。

安全相似系统模拟的方法主要有：同序模拟、信息模拟、分解模拟、动态模拟、综合模拟等。

2.3.4.5　安全相似系统评价

系统安全评价是安全系统工程的核心内容之一，通过对系统存在危险因素的分析，估测系统发生事故概率。安全相似系统评价中，运用相似理论，以已知的相似系统作为参照物进行对比分析，通过计算系统间相似度，系统内部对应要素的相似度等，以定量的度量方式实现更加客观的系统安全评价，是以相似系统建模、相似要素映射、相似特征变换、相似单位重构或重组、相似信息重用、相似模拟等为手段，进行新的安全相似系统评价的一系列实践过程。

2.3.4.6　安全相似系统管理

安全相似系统管理的涵义是以相似原理和相似分析为基础，通过相似性的管理运筹，对安全系统有相似性的问题进行相似操作及相似处理，使得安全系统决策和管理科学化，达到较好的安全管理效果。如若相似的安全系统之间的相似性大，则管理及处理问题的方法就有较大的相似性，反之亦然。

安全系统相似管理在以下几个方面实现相似性：以人为主的组织管理与自然系统自组织管理的相似性；不同类型安全系统中的安全管理子系统在结构、方法、性能上存在相似；不同层次的安全管理系统在在结构、方法、性能上的自相似性；复杂安全管理系统间的和谐性与相似性，等。

虽然在理论上，将安全相似系统学的实践领域做具体划分为相似评价、相似分析、相似模拟等，在应用实践中，由于工程实况的复杂性，会同时应用不同多种它们之中的一个或多个相似应用种类。

2.4　安全相似系统学学科分支

由于安全科学领域的广阔，使得涵盖的安全系统复杂繁多，同时，根据不同的研究目的、实践需求，存在多种安全系统的分类标准，如功能、造价、规模、行业、地域等。为此，综合分析多种分类方式并根据安全科学的学科价值，相似学学科属性及国内安全系统发展建设的现实状况，统一考虑安全系统的功能、行为、规律及特性等相似的信息，以安全系统为着眼点，将安全相似系统学按照横向的系统功能以及纵向行业领域进行分类。图 2-6 为安全相似系统学学科分支构建图，其各学科分支下还可进一步细分更多的子分支。

2.4.1　以系统功能分类的学科分支

按照安全系统的功能，可将安全系统划分为安全预警系统、安全教育系统、安全救援系统、安全管理系统、安全决策系统等。即以安全系统的功能为分类标准，在安全系统间相似学体系中，应以功能和目的为导向，以安全比较学方法[126-128]为切入点，对同类功能系统之间从过程到结果的相似性进行比较，发掘其相似特性，探求该相似性对于安全系统的作用方式，将该相似性应用于新的相似系统的构建、评价、改进、完善等的途径和方法，参见表 2-6。

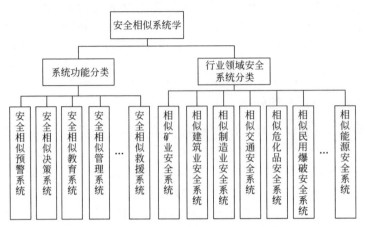

图 2-6　安全相似系统学学科分支构建

表 2-6　以功能为分类标准的学科分支建设

分　支	研究目的	研究内容举例
安全相似 预警系统	不同行业、规模、地域的安全预警系统更好地设计、构建、完善、应用,最大程度避免或减少安全事故发生	分析不同行业、规模、地域的安全预警系统的发展、理念、内容、方法、行业模式等的相似性,对预警目的的作用,以及系统的评价、改善等
安全相似 决策系统	不同行业、规模、地域的安全决策系统的完善,提高决策者客观准确决策,关键时刻抢险救险的能力	分析不同行业、规模、地域、时代的安全决策方法、模式、手段、人才等的相似特性、该特性对于系统目的的作用,以及系统的评价、改进等
安全相似 教育系统	更好地完善不同行业、规模、地域的安全教育体系,使安全教育充分发挥其在安全中的前线作用,实现人员自觉主动的安全性	分析不同行业、规模、地域的安全教育历史、理念、内容、方法、行业教育模式等的相似性,其对于系统目的的作用,以及系统的评价、改进等
安全相似 管理系统	更好地分配、构建、完善不同行业、规模、地域的安全管理系统,充分发挥安全管理人员管理作用,提高企业安全程度	分析不同行业、规模、地域、时代的安全管理思想、行业安全管理模式、手段方法、人才分配等的相似特性,该特性对于系统目的的作用贡献,系统的评价、改进等
安全相似 救援系统	更好地设计、构建、完善、应用不同行业、规模、地域的安全救援系统。在灾害发生时最大程度地缩小安全事故波及范围、降低人员及财产损伤	根据不同行业、规模、地域、时期的安全救援的指导思想、救护技术、救护体制、救护特点,等等。分析其相似特性及其在安全救援系统中的作用,以及系统的评价、改进等
⋮	⋮	⋮

　　本章仅仅从安全系统功能这一宏观标准出发,对安全相似系统学在系统之间的相似学分支进行初步分类,由于安全系统的规模、行业等的不同,包含多个层

次功能的子系统,而这些子系统均可包含于上述大的分类体系内。例如分析系统、培训系统等,可被表 2-6 中的相似安全管理系统及相似安全教育系统所包含。

2.4.2　以行业领域分类的学科分支

同时,根据《国民经济行业分类和代码表》(GB/T 4754—2017),将安全系统间的相似研究分为表 2-7 中的几类。

表 2-7　以行业领域为分类标准的学科分支建设

分　支	研究目的	研究内容举例
相似能源安全系统	保障能源行业系统安全、避免事故的发生带来人员、财产的损失	包括电力、天然气、核等能源行业,分析该行业系统的建设、运行、安全隐患、事故类型、救援组织的相似性及相似性为系统安全状态的作用,系统的评价、改进措施等
相似建筑业安全系统	纠正在建筑过程中存在的不安全行为,指导构建完善性及安全性更强的建筑系统,提高建筑过程中的安全状态	分析不同区域、规模、时期、安全状态的相似建筑业安全系统,分析系统在运行、指挥、决策、事故(打击、坠落等)、救援、设备设施等的相似性,其分别在系统安全中的角色,以及系统的评价、改进方法、措施等
相似制造业安全系统	保障包括医药、食品、等制造过程中的安全状态,指导新的相似制造系统的建立	分析不同区域、规模、时期、安全状态的相似制造业安全系统,在制造、运行、指挥、决策、事故、救援、设备设施等的相似性,分别在系统安全中的角色,以及系统的评价、改进方法、措施等
相似交通安全系统	实现水路、陆路、航空航天等交通系统安全性的提升。纠正系统中的不足,指导新的交通安全系统的构建	分析不同区域、规模、时期、安全状态的相似危化品系统,研究系统在生产、储存、运输、销售等各环节的预警、救援、事故类型(爆破、污染等)、规律等的相似性,分别在系统安全中的作用,以及系统的评价、改进方法,措施等
相似危化品安全系统	提高危化品从生产、储存、运输、销售等环节的安全性,指导建立安全性更高的危化品安全系统	分析不同区域、规模、时期、安全状态的相似危化品系统,研究系统在生产、储存、运输、销售等各环节的预警、救援、事故类型(爆破、污染等)、规律等的相似性,其在系统安全中的作用,以及系统的评价、改进方法,措施等
相似民用爆破安全系统	保障民用爆破产品的生产、运输、储存、销售、利用过程的安全,避免人员伤害、财产损伤	分析不同区域、规模、时期、安全状态的民用爆破安全系统,研究系统在生产、储存、运输、销售等各环节的预警、救援、事故类型(爆炸、火灾等)等的相似性及其为系统安全做出的贡献。以及系统的评价、改进方法,措施等
相似矿业安全系统	提高矿业生产的安全状态,指导、纠正在矿业系统建设、运行过程中的不良弊端,并依据相似性原理构建完善性、安全性更强的系统	分析不同区域、规模、时期、安全状态的相似矿业安全系统,调查该系统在建设、操作、事故类型(透水、片帮等)、事故原因、预警、救援、设备、设施等上的相似性,分别对于系统安全的作用,以及系统的评价、改进方法,措施等
⋮	⋮	⋮

第3章

安全相似系统学基础模型

　　模型是思考的工具，随着研究系统及研究原型越来越复杂化，模型对于学科的价值也越来越高，模型方法已经成为人们将研究对象、研究内容形式化、定量化、科学化的主要途径。根据某特定的研究目的和实际需求，有选择性地抽取研究对象的部分信息，构成真实研究系统的替代物，这是模型所带来的便利与研究意义。对安全相似系统学的基础模型进行研究，有利于夯实学科的理论基础，做好学科发展的奠基。

　　本章通过对元问题的探讨作为安全相似系统学基础模型的切入点，通过提出安全相似系统学三大元问题，并运用基础模型的方式来回答，构建安全相似系统学基础模型，实现对安全相似系统的深层次的本质认识，以期进一步丰富安全相似系统学学科框架。本章研究思路及成果参见图 3-1。

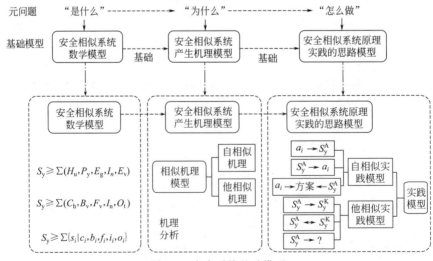

图 3-1　安全系统基础模型

3.1 基础模型构建思路

对于模型的定义，McGraw Hill 认为，模型是受某些特殊条件约束，在行为上模仿所研究的物理、生物及社会系统，并用以去理解这些系统的数学或物理系统；美国国防部将模型定义为："以物理的、数学的或其他合理的逻辑方法对系统、实体、现象或过程的再现"。从系统的观点出发，模型指的是通过某种表现形式（文字、符号、图形、表格、公式等）描述真实系统（原型）的本质属性，是对真实系统的抽象、模仿和描述。

当研究目的与研究层次不同时，安全系统的规模及层次也不同，这就导致了安全系统模型所涉及的范围极广，对同一个系统产生不同层次的多种模型。通过考虑模型分类，是否对研究有所助益的原则，并结合安全相似系统学中所可能涉及的模型种类，按照模型的抽象程度及模型的表达机理，将安全相似系统学中的模型初步划分为概念模型[129,130]、数学模型[131,132]、数值模型[133]、物理模型[134]及流程模型[135]，参见表 3-1。

表 3-1　模型类型列举

类　型	解　释	举　例
概念模型	概念模型是对真实世界的第一次抽象描述，将客观对象抽象为某一种信息结构，这种信息结构不依赖于具体的计算机系统，也不是某一个数据库管理系统支持的数据模型，而是概念级的模型	概念的描述包括：记号、内涵、外延，其中记号和内涵（视图）是其最具实际意义的 在安全相似系统学中，对于相似系统的定义、外延、内涵的描述等，都属于概念模型
数学模型	数学模型就是为了某种目的，用字母、数字及其他数学符号建立起来的等式或不等式以及图表、图像、框图等描述客观要素的特征及其内在联系的数学结构表达式	关于相似度的表达公式、安全系统、安全相似系统的数学表达就是典型的数学模型
数值模型	软件模型是用特定的程序语言所提供的数据及算法对概念模型及数学模型的实现	比较常见的是软件模型，如数值分析中的数值模型，多用的数值建模分析软件如 surpac、matlab、madas、fluent 等
物理模型	物理模型是对现实真是系统的物理表达，通常是根据研究系统的原型形象化出的模型。物理模型所涵盖的原型属性越多，模型就越复杂，也就越接近现实的真实系统	在安全系统的研究中，各种实验模型，如风洞试验中的按比例缩小的船体和风桨；受限空间试验也是在模拟深井受限环境中真实的温度、湿度、气压等，研究人体在受限空间中的机能变化
流程模型	流程模型是对于状态和动态关联的表达，一般表现为数学及逻辑过程	常见的如研究流程，范式模型等

在了解模型的概念之后，我们来谈论如何一步步构建安全相似系统学的基础模型。这里我们以"元问题"作为安全相似系统学基础模型的切入点。

元问题[136]，"元"字出于 meta，如 metaphysics，形而上学。元问题是比普通问题进一层的涉及现象本质的问题，通常涉及本体论和知识论，比如社会学的元问题其实不是讨论社会现象，而是讨论社会学这个学科的问题。元问题是在本体论和形而上学层次上，脱离学科具体的表面条件和限制，挖掘普遍性的、绝对性的根基。元问题就是最根本、最基础的问题。某一领域的元问题是可以引领该领域其他的问题。由此，在教学中，老师会根据教学内容的特点提出能提高学生求知欲并能激发学生发现和提出问题的问题。简言之，元问题即为能引起问题的问题。该理念也同样应用于安全相似系统学这门全新学科的创建与完善。

元问题作为一个新的逻辑概念或一个认识思路，是用于规定或充分表达研究中的首要问题，以该首要问题去统领其他的基本问题，达到对整个领域研究自身生成演变的内在机制获取一种具体的认识，并据此深入地反思现行研究中存在的问题，积极寻找新的学术探讨方式。元问题，是学科探讨的根基，它脱离具体的现象，试图寻求普适性现象的答案。安全相似系统学，作为一门全新学科，要想在现代科学之林占有一席之地，就要打好学科立足的根基，从元问题入手，以学科的元问题为思路，有助于我们从回答问题的角度来探求安全相似系统学的基础模型。

（1）安全相似系统学的元问题。提出问题是解决问题的前提，安全相似系统学是一个还几乎处于空白状态的学科，通过元问题的提出，并在元问题的基础上，逐步提出新的问题并解决，是一步步发展并将学科趋于完善的可行思路。那么，安全相似系统学的元问题是什么，是该部分要探讨的问题。

通常，人们对于某对象进行观察和研究时，最先考虑的问题是"是什么"、"为什么"和"怎么做"。仔细考虑这三个问题便可发现，在面对全新的事物时所提出的这些问题的逻辑并不是无章可循的。首先，"是什么"，是对事物自身属性、特质的探求；"为什么"，是对事物产生原因的探寻，是对事物机理的研究；而后，"怎么做"是对事物实践路径、实现路径的探求。沿此思路，同样可以对安全相似系统学的元问题进行分析。

①"是什么"。面对事物，"是什么"可能是人潜意识的第一反应。关于"是什么"，可以从多层次进行分解：事物的性质、事物的属性、事物的归类等，其本质是对该事物自身的认识。面对安全相似系统学，会问道："相似是什么？""安全系统是什么？""安全相似系统是什么？""安全相似系统的结构是什么？""安全相似系统的性质是什么？"。

②"为什么"。这是人在潜意识对现象本质的探寻。安全相似系统学同样存在"为什么"这一基础问题：为什么会出现相似现象、相似问题？当我们把相似现象及相似问题放在系统中考虑时，该问题可阐述为"为什么会存在相似的安全系统"？即安全相似系统形成的机理是什么？它摆脱具体问题或现象的束缚，聚焦于事物的普遍规律。

③"怎样做"。安全相似系统学是一门运用相似原理致力于解决实践中的具

体工程问题的具有实用价值的学科。"是什么"和"为什么"的元问题是对安全相似系统学研究对象和机理的探究，而要使这棵学科之树茂盛伸展，就要给它提供正确的生长引导，就要解决"怎样做"或"做什么"的问题，"怎么样将安全相似系统理论用于安全系统，以提高系统安全状态"或"怎样将相似理论运用于安全系统实践"，用以指导实践。

因此，将安全相似系统学元问题概括为：

① 什么是安全相似系统。

② 安全系统相似性产生的原因。

③ 将相似原理用于安全系统的实践路径。

（2）安全相似系统学基础模型。以安全相似系统学的元问题为切入点，提出安全相似系统学的三个元问题，并且，用基础模型的方式来回答元问题，使基础模型的构建变得有理有据。参见图3-2。

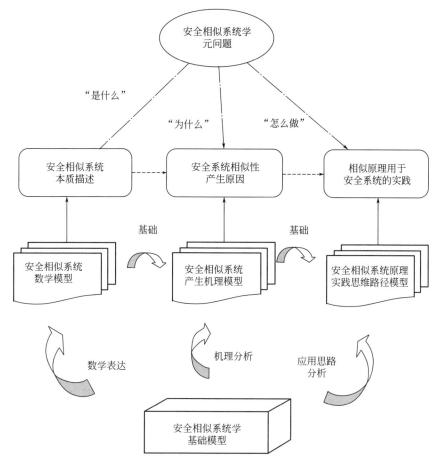

图 3-2　安全相似系统学基础模型提出思路

① 安全相似系统数学模型。安全系统的构造形式多样，内部构件关联复杂。将安全系统与安全相似系统运用数理逻辑方法和数学语言进行表述，有助于从本质上加深对安全系统及安全相似系统的理解，并回答"安全系统是什么""安全相似系统是什么"的问题。

② 安全相似系统机理模型。在安全科学探究中，对于安全现象的探索往往遵循"安全现象-安全规律-安全科学-安全实践"的主线思路。安全相似系统学是安全科学的分支，所以，对于安全系统中存在的相似现象，分析安全现象背后的本质原因，探清相似性机理，并构建安全系统相似机理模型，是进一步把握相似规律与发展安全学科的支点，并用以回答"安全系统相似性产生的原因"的元问题。

③ 相似理论用于安全系统的应用思路模型。基于相似机理分析，提出相似原理在安全系统中的应用方法与路径，并通过提炼与概括，构建安全相似系统学应用思路模型。这是关于元问题"怎样将相似理论运用于安全系统实践"的回答。

鉴于从研究对象本质认识到机理分析再到实践应用贯穿着整个学科发展的基础理论模型需求，因此将安全相似系统数学表达模型、安全相似系统机理模型和相似理论用于安全系统的应用思路模型统称为安全相似系统学的基础模型。本章将分别对安全相似系统数学模型、机理模型、应用思路模型进行探讨。

3.2 安全相似系统数学描述模型

安全系统及安全相似系统构造形式多样，内部构件关联复杂，不同行业、不同地域背景、不同需求层次的安全系统构造、结构、要素都有所差异。给安全系统及安全相似系统的本质研究带来困难。安全系统的数学模型是联系实际安全系统与数学理论之间的桥梁，可以帮助研究者解剖系统繁冗表象，深层次探究并了解系统的本质。

3.2.1 数学模型

数学模型是为了某特定的研究目的，根据现实世界中研究对象特定的内在规律，在做一些必要简化假设条件的基础上，运用数学工具（数学语言、符号、逻辑等）得到关于研究对象的数学描述模型，通过该数学模型来揭示系统的内在及动态特性。在安全系统及安全相似系统学中，数学模型的作用表现在两方面，分别是：提高对安全系统的认识（认识系统），提高对安全系统的决策能力（改造系统）。参见图 3-3。

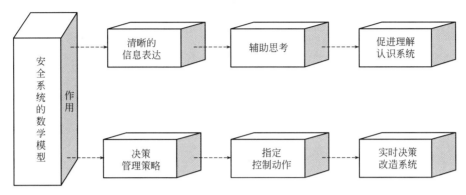

图 3-3 安全系统数学模型的作用

从认识安全系统的方面看，有三个层次：信息表达，辅助思考和加深理解。数学模型最基础的就是要对研究对象有明确的、便于理解的信息传达，有助于在信息传递时，减少不必要的误解。同时，除了准确的信息传达以外，还应有助于研究者关于研究对象的思考（如推论、演绎等）。一个好的数学模型，可被用于公理或定理，更好地帮助人们理解现实系统世界的各种现象。具有认识功能的数学模型，比如对于研究安全系统最基本的定义描述模型、特性方程等。通过数学模型，可以明确系统的组成、结构、性质等。从改造系统的角度看，也存在三个层次：管理、控制、决策。数学模型提供了对安全系统管理决策时的必要基础。同时，通过多种数学决策方法，可以为人们在安全系统决策时提供思路与决策工具。多种数学方法如层次分析法、模糊数学法、粗糙集等，通过这些决策手段所建立的数学模型，均是具有决策系统的数学模型。

在本章中，由寻求"安全相似系统是什么的问题"，可知，所构建的安全相似系统数学模型是具有认识安全系统的作用的。而改造系统的数学模型，需要在后续针对具体的实际问题去构建的，本章不做研究。同时，对安全相似系统数学模型的构建应重点考虑两点：一是"安全系统"，二是"相似"。安全系统是安全相似系统的根本对象，相似是安全系统间的特征及思考问题的思维路径。因此，安全系统数学表达式的构建是安全相似系统数学建模的基础前提。下面，对安全系统的数学模型进行构建研究和分析。

3.2.2 前提、原则、必要考量及步骤

3.2.2.1 基本前提——安全系统内涵分析

对安全系统进行数学模型的构建，必要准备工作是明确什么是安全系统，安全系统的构成要素、结构及内涵。目前，我国关于安全系统的研究多集中于工程及系统工程的领域[137-141]，但均是从实践工程应用的目的出发，对多种工程方

法，如模拟方法、数学计算方法、系统评价方法等进行研究。其实所研究的安全系统，更偏向于"系统"，而非"安全系统"本身。

安全系统，作为一个伴随安全学科的发展提出的新鲜词汇，目前并没有得到统一的精确的内涵解释。在安全领域，关于系统、安全系统、系统安全等专业词汇之间也因为定义的不明确而存在着复杂的相互关联。安全系统学的形成是由于科学技术发展加速，社会进入更加高级复杂的阶段，难以用狭义的系统安全的认识方法解决安全问题。伴生而来的是对安全内涵及本质认识的需求，对安全因素内部之间关联及其与安全现象的非线性关系统筹把握的需求，对某一特定安全问题从根本出发并解决问题，而不是仅聚焦于对问题表现认识的需求。对安全系统进行数学模型架构首先需要明确安全系统定义：

安全系统是由与安全有关的多个部分，按特定方式结合，能够不断演化发展的，可以影响、实现并提高人类生产生活中的安全状态，且具有自身属性、功能与价值的有机整体。

3.2.2.2 原则

安全系统数学模型是研究并掌握系统内在机制及运动规律的有效工具，能够有针对性的、系统的、精确的、深刻的反映系统状态，是设计、认识、分析、预测系统的基础[142]。系统建模通常是理论建立初期或验证的准备阶段，会由于安全系统自身的复杂性及人因特质，导致直接用数学语言将安全系统做完全吻合的表述是不可能的。只能在现实的基础上，做到安全系统结构、特性和机理的抽象，因此，在安全系统数学建模中，最重要的是可分离原则：安全系统构成因素、层次、结构多样复杂，且因素与因素间、层次间、结构间都相互关联，相互作用，相互渗透，相互影响。但是在针对某具体研究目的来确定一个模型时，并不是所有的关联都需要考虑至模型中，这时，需要的是忽略掉不必要考虑的要素与关联。一般情况下，可分离原则包括以下三项内容，参见图 3-4。

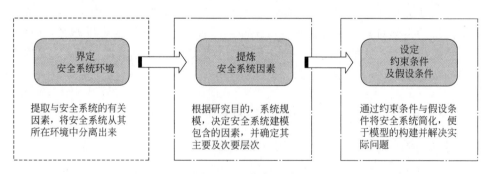

图 3-4   可分离准则

（1）界定安全系统的环境。安全系统之外的一切与系统本身有关联的事物的综合，称为安全系统的外部环境，安全系统之外的所有事物是一个集合，由于外部环境的不同事物与系统的联系在性质上和密切程度上都具有很大差别，对于具体安全系统，其外部事物是无穷无尽的。将所有的一切外部事物都考虑是不切实际的，因此，在工程中，应剔除那些无关紧要的因素，只考虑对系统有不可忽略的影响因素。因此，实际考虑的环境是系统之外同系统有不可忽略的相互关联的那些事物的总和。

就内部与外部而言，安全系统是有内部环境与外部环境之分的。内部环境与外部环境以我们根据特定研究目的所界定的系统边界来划分。就安全系统建模研究中，对于环境的分离是将安全系统与其所处环境相分离。

（2）安全系统因素提炼。安全系统以系统的综合协调为目的和对象。安全系统的要素包括人、物、能量及信息。

① 人。人本身就是一个复杂开放巨系统，从安全的角度出发，安全系统学中的安全系统所涉及的人的部分包括了人体不受外界伤害，人的心理不受外界摧残。

人是安全系统正常运行的至关重要的一环，在安全系统中，人既是主体也是客体，不管设备多么坚不可摧，防御流程多么高效严密，最薄弱、最易被入侵的环节和最易产生失误的是人。因此，以人为本是安全科学及安全系统学的重要指导思想。由"人"这一要素，可延展出安全系统的重要子系统之一——人的安全素质系统（安全心理、安全生理、安全人性、安全技能、安全文化素质等）。

② 物。人离不开物，物是实现人为目的的过程中，不可或缺的要素。更多时候，物指的是机械、设备等。由"物"这一要素，可延展出安全系统的子系统之一——机子系统，包括设备与环境的安全、设备可靠性（设计、制造、使用的安全性）等。同时，通过人与物两大要素，生成了安全系统中必不可少的一大子系统，也是安全系统学与安全工程的重点研究对象——人机系统。

③ 能量。能量是表征物理系统做功的本领的量度，对应物质的各种运动形式，能量也有各种不同的形式，包括机械能、电能、热能、化学能、核能等。它们可以通过一定的方式互相转换。人类的生产生活中，任何行为动作都伴随着能量的产生与转化，任何工业生产过程都是能量的转化或做功的过程。能量的控制是保护人类安全的重要渠道之一。

④ 信息。随着社会的信息化和信息大量涌现，以及人们对信息要求的激增，信息流形成了错综复杂、瞬息万变的形态。这种流动可以在人和人之间、人和设备之间、设备内部以及设备与设备之间发生，包括有形流动和无形流动，前者如报表、图纸、书刊等，后者如电信号、声信号、光信号等。信息的有效传输、接收、管理，是安全系统内部协调的有效工具。

（3）约束条件和假设条件。真实的安全系统问题往往比较复杂，因此，为了简化和抽象问题，需要根据实际情况提出合理的假设。假设的合理性，与模型的真实性直接相关，这就是所讲的假设和理性原则。例如，在自然科学中，多数物理系统都是以"真空状态下"或"充分光滑"为假设前提建立的。

安全系统建模假设 1[143,144]：

安全系统的数学模型仅仅是对于复杂系统的一个简单的、局部的映射，为了抽象、简化问题，有一个基本的假设：安全系统在被研究的过程中，当用于某特定研究目标时，至少是"部分可分解"的。现实世界的研究目标都是认为确定的，根据不同的研究层次，对安全系统进行不同层次的分解。例如，在事故系统中，通常将系统按照人-机-料-法-环的思路来进行划分，而对于动态安全系统，从人-物-能量-信息角度分解系统，更具有普适性及全面性。

安全系统建模假设 2：

除可分解性以外，另一个基本假设是状态的存在，即状态捕获了系统的全部过去历史状态，以便计算出在已知的输入作用下今后的状态，至少是今后的输出。状态的存在是一个基本假设，它使模型能应用于许多情况。对于某种确定的数学分工，状态集的维数是有限的。但有时却不是这样，例如，偏微分方程就具有无限维的状态集，不管整个实际世界系统是否能用一个状态机构来合适地加以描述，基本方程是无限的。

3.2.2.3 必要考量

在模型构建的一般原则指导下，模型的构建思路是将真实的安全系统与概念安全系统之间联系，概念安全系统也就是我们要研究的安全系统数学模型。一般要经历模型的构建、模型分析和检验三个阶段，参见图 3-5。

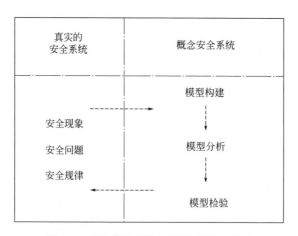

图 3-5　概念安全系统与真实系统的联系

针对安全系统数学建模的这一目标，需要考虑以下必要考量因素。

（1）所建立的安全系统数学模型属于哪个领域？与哪些理论或学科有关？

例如，生命领域的模型与自然、社会、行为、生物的综合；股票模型不仅仅与经济学，还与社会环境、经济基础、人的思维环境等有关。而安全系统，与社会、政治、人的思维、行为、生理、物理都有关。

（2）要建立哪种类型的数学模型？

对于数学模型的选择，需要根据安全系统的特性及内涵来进行。一般的系统，有线性与非线性、动态与静态、宏观与微观、时变和时不变等；同时，根据系统研究方法的不同，也有连续模型和离散模型、时域模型与频域模型、输入/输出模型和状态空间模型之别。根据安全系统特性考量，安全系统是非线性的、动态的、非确定的、时变的，具有输入/输出的，具有空间、时间特性的。依据系统数学模型的分类，可以将安全系统数学模型的表现形式概括为非线性方程、含时间变量的微分方程、状态方程、差分方程等，均可用于安全系统数学模型构建。

（3）要建立哪种关系的数学模型？

一般的，对安全系统建模常常有两种方法，一是由安全系统的结构经过演绎法而获得的逻辑关系的数学模型，二是根据安全系统的输入/输出经过归纳获得的数学模型，此外，还有图示的几何关系的数学模型。根据不同的研究层次，实际问题，安全系统的复杂程度，合理选择不同的建模方法，有时，也会针对同一系统，构建不同的形式的数学模型。

（4）要考虑安全系统内的因素，以及因素之间的关系。

完善的系统数学模型通常具备的基本要素包括：成分、变量、参数及其关系，相互关系由一个或多个映射构成。对于安全系统所赋存的成分、变量、参数等可通过安全系统基本定义及其内涵分析获得。

（5）安全系统模型与环境间的关系。

安全系统与所在的环境是相互依存的，环境对于安全系统有着不可忽视的作用。安全系统的环境，包括政治环境、安全文化环境、安全氛围，以及系统所处的物质环境等。

3.2.3　安全系统数学模型构建

综合对安全系统定义及内涵的概述，安全系统边界，包含要素以及数学表达形式的分析，安全系统数学描述的模型已经呼之欲出。基于安全系统基本概念："安全系统是由与安全有关的多个部分，按特定方式结合，能够不断演化发展的，可以影响、实现并提高人类生产生活中的安全状态，且具有自身属性、功能与价值的有机整体。"当系统处于非安全或非稳定的状态，系统可能出现故障或事故。安全系统是较事故系统更具有现实意义的，系统的要素包括人的安全素质（心理与生理、安全能力、文化素质）；物或设备、环境的安全可靠性（设计安全性、制造安全性、使用安全性）；生产过程能量的安全作用（能的有效控制）；充分可靠的安全信息流（管理效能的充分发挥）是安全的基础保障。

综合上述考量，将安全系统数学模型以集合的形式给出，当考虑环境因素时，安全系统表示为式(3-1)。

$$S_y = (H_u, P_y, E_g, I_n, E_v) \tag{3-1}$$

其中，S_y（Safety system）为安全系统；H_u, human, 人的因素；P_y, physical, 指的是安全系统中的事或物的因素；E_g, energy, 指能量；I_n, information, 信息；E_v, environment, 指的是安全系统所处环境，安全系统的环境包涵因素主要有政治环境、安全文化环境、法律法规、物理环境等。

式(3-1)从最直观的宏观结构层面对安全系统进行了描述，通过式(3-1)可以清楚直接地理解安全系统的结构组成，及各组成要素间的关系：安全系统是由人、物、能力、信息及所处环境所构成的集合。

安全系统作为一个整体，一个由多个要素共同作用而构成的整体，"涌现性"是安全系统区别于系统组成要素的特性。在系统科学中，将系统整体具有，而作为独立的系统部分及其总和不具有的性质称为"整体涌现性"。系统科学就是关于整体涌现性的科学理论，探索整体涌现的发生条件、机制、规律以及运用。安全系统作为系统科学的一个具有独特性质的存在形式，"整体涌现性"也是安全系统研究课题中的重要部分。安全系统的"整体涌现性"是普遍存在的。例如在安全系统中，个体的安全行为可以通过个体之间的相互影响，使得某安全行为成为整个安全系统的属性，当群体的领导以身作则，传播并示范良好的安全行为，会促进整个系统安全行为的传播，促进安全系统的安全状态[145]，反之，消极的安全行为亦然对安全系统的整体状态产生消极的涌现作用。

整体涌现性的产生并不是单一的因素导致的，而是规模效应和结构效应共同的结果。系统性是加和性与非加和性的统一，都是整体属性；但整体性、系统性并不一定是涌现性。涌现性是系统非加和的属性，通俗讲就是"整体大于部分之和"或者"整体小于部分之和"，这样的整体与部分差值就是涌现性。为了进一步在理论层面上认识安全系统，由安全系统整体涌现性的整体思路，将式(3-1)做进一步的拓展，参见式(3-2)。

$$S_y \geq \sum (H_u, P_y, E_g, I_n, E_v) \tag{3-2}$$

式(3-2)强调了安全系统是由多个要素构成的整体，并且作为整体的系统本身所呈现的整体特性、功能大于等于单个要素特性、功能之和。值得注意的是，为什么会是"大于等于"而不是"大于"。这是因为在安全系统中，整体性、系统性并不一定是涌现性，涌现性是系统非加和的属性，在系统中同样存在一些属性是加和属性，例如质量、长度、体积等。

同时，安全系统具有"动态时间特性"及"人因特性"两大区别于普通系统的特质，根据式(3-2)，对安全系统的这两大特质进行公式推导及表达。

（1）从安全系统的动态特性出发，人类的安全系统是人、社会、环境、技术、经济等因素构成的大协调系统，而这些因素都是随时间而变化的，随时间的推动具有极大的不确定性，当安全系统各要素发生某种特定的变化时，安全系统将趋于更加稳定或是动荡。因此，可用各因素变化率的方式来表达安全系统的动态性，式(3-2) 可表达为式(3-3)，即安全系统的时间动态特征方程：

$$\frac{\mathrm{d}S_y}{\mathrm{d}t} \geqslant \frac{\mathrm{d}H_u}{\mathrm{d}t} + \frac{\mathrm{d}P_y}{\mathrm{d}t} + \frac{\mathrm{d}E_g}{\mathrm{d}t} + \frac{\mathrm{d}I_n}{\mathrm{d}t} + \frac{\mathrm{d}E_v}{\mathrm{d}t} \tag{3-3}$$

（2）相较于普通系统，安全系统中人的因素对于整个安全系统有着至关重要的作用。这是由于人在安全系统中不仅仅是安全系统的操作者、参与者，更是在关键时刻系统的主导者、决策者。由于人的主观能动性受人性、观念、意识、文化、道德、心理、伦理等综合影响的复杂性，使得人的因素是系统安全运行，实现安全目标的最不确定因素之一，关于安全系统中人与系统的灾变关系参见图 3-6。

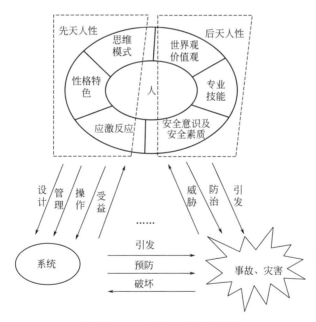

图 3-6　人、系统、安全关系图

如果用数学函数来表达，人的不确定性可表示为式(3-4)。

$$H_u = f(h, m, p, e_d, \cdots, e_v) \tag{3-4}$$

式(3-4) 中，h 为安全人性；m 为心理因素；p 为生理因素。e_v 为环境因素；e_d 为教育背景。上述各因素都是变化的，即是时间的函数。故，从变化的视角，安全系统的"人学特性"可表示为：

$$\frac{\mathrm{d}S_y}{\mathrm{d}t} \geqslant \left(\frac{\mathrm{d}H_u}{\partial h}\frac{\partial h}{\mathrm{d}t} + \frac{\mathrm{d}H_u}{\partial m}\frac{\partial m}{\mathrm{d}t} + \frac{\mathrm{d}H_u}{\partial p}\frac{\partial p}{\mathrm{d}t} + \frac{\mathrm{d}H_u}{\partial e_d}\frac{\partial e_d}{\mathrm{d}t} + \cdots + \frac{\mathrm{d}H_u}{\partial e_v}\frac{\partial e_v}{\mathrm{d}t} \right) + \frac{\mathrm{d}P_y}{\mathrm{d}t} + \frac{\mathrm{d}E_g}{\mathrm{d}t} + \frac{\mathrm{d}I_n}{\mathrm{d}t} + \frac{\mathrm{d}E_v}{\mathrm{d}t}$$

$$(3\text{-}5)$$

将安全系统关于时间求导，$\dfrac{\mathrm{d}S_y}{\mathrm{d}t}$ 表明了安全系统关于时间的变化速度，若对安全系统进行时间上的二次求导，得出式(3-6)。

$$\frac{\mathrm{d}^2 S_y}{\mathrm{d}t^2} \geqslant \frac{\mathrm{d}^2 H_u}{\mathrm{d}t^2} + \frac{\mathrm{d}^2 P_y}{\mathrm{d}t^2} + \frac{\mathrm{d}^2 E_g}{\mathrm{d}t^2} + \frac{\mathrm{d}^2 I_n}{\mathrm{d}t^2} + \frac{\mathrm{d}^2 E_v}{\mathrm{d}t^2} \tag{3-6}$$

式(3-6)表示的是安全系统在随时间变化加速度，设其值为 k，则式(3-6)可表示为式(3-7)。

$$\frac{\mathrm{d}^2 S_y}{\mathrm{d}t^2} = k \tag{3-7}$$

通过 k 值，可以观察安全系统的在时间下的稳定性，当 $k > 0$ 或者 $k < 0$ 时，表明安全系统以不定的速度在变化，甚至会出现系统的涌现性现象。当然，由于安全系统是一个开放的，不恒定系统，要完全使 $k = 0$ 是不实际的，但通过 k 值与"0"之间的大小关系，可以作为安全系统是否稳定的证据之一。

3.2.4　安全相似系统数学模型

在分析了安全系统的数学表达模型的基础上，可进一步对安全相似系统的数学模型进行构建分析。相似性可分为自相似与他相似。自相似体现为安全系统要素、结构或子系统与该系统在不同空间尺度或时间尺度具有的相似特性。同时，根据时间与空间维度的不同，自相似可分为空间自相似与时间自相似。他相似指的是不同的独立的事物之间存在的相似。

安全相似系统狭义上属于他相似的范畴，但一般，均记作相似而非他相似。设安全系统 S_y^A 与安全系统 S_y^K 相似，运用数学公式表示为：

$$S_y^A \sim S_y^K \tag{3-8}$$

又称安全系统 S_y^A 相似于安全系统 S_y^K。前文中，在安全系统整体显现的层面，根据安全系统的构成因素表示为式(3-2)。式(3-2)是以单维度的构成要素层面对安全系统进行描述。但是，结合相似性的分析，相似现象的产生，不仅是要素种类、特性的相似，更在空间维度及时间维度上包含了要素功能的相似和运动行为的相似。因此，对于安全系统相似性机理的分析也应由安全系统组成要素的特性、行为、功能、信息层次分析。在安全相似系统学科范畴内，将安全系统以式(3-9)进行表达：

$$S_y \leqslant \Sigma (C_h, B_v, F_u, I_n, O_t) \tag{3-9}$$

式中，C_h（Characters）是安全系统 S_y 整体表现出的安全系统特性；B_v（Behaviors）表示的是 S_y 的整体行为体现；F_u（Functions）是 S_y 的安全系统功能；I_n（Information）为安全系统赋存信息；O_t 为 S_y 的其他整体特征。

同时，安全系统可以描述为是由多个要素构成的有机整体，根据该描述，安全系统可表示为式(3-10)。

$$S_y \geqslant \sum s_i \tag{3-10}$$

安全系统的相似性是安全系统内部或安全系统整体显现的性质一致，安全系统的要素及其作用方式决定了该系统的功能及特性。即每个系统要素都具有其各自的特性、功能、行为和其所赋存的信息，即式(3-11)

$$s_i = (c_i, b_i, f_i, i_i, o_i) \tag{3-11}$$

式中，c_i 表示要素 s_i 的属性；b_i 为要素 s_i 的行为；f_i 为要素 s_i 的功能；i_i 表示要素 s_i 所赋存的信息；o_i 为要素 s_i 的其他特征。据此，将安全系统 S_y 在要素层面继续分析，建立安全系统整体显现内涵式(3-12)。

$$S_y \geqslant \sum \{s_i | c_i, b_i, f_i, i_i, o_i\} (i = 1, 2, 3, \cdots, n) \tag{3-12}$$

式(3-12)表明，安全系统的整体显现（包括系统特性、系统功能、系统行为等）是系统所有构成要素的特性、功能、系统行为的整体涌现。系统的整体性质由要素构成，如人体是有多种器官组成，人的听力功能是由耳朵决定，温度感知功能由皮肤决定，器官的功能性质都可以在人体中显现出。同时，系统具有各组成要素所不具备的特质，如人的创造力，人的主观能动性，是单个器官所不具备的。式(3-12)正契合了系统学中整体大于局部的原理，也是安全系统相似机理分析的理论基点。通过对安全相似系统数学表达式（数学模型）的构建，有助于从最根本层面认识，熟悉安全相似系统的构成及基本性质。

3.3 安全系统相似性机理模型

3.3.1 机理模型

安全系统及安全相似系统的数学表达模型有利于从系统整体角度更好地认识系统，探究安全系统及安全相似系统本质，回答了"是什么"的问题。接下来就是关于"为什么"问题的探究。

关于安全相似系统"为什么"的问题，包括：

(1) 为什么会发生相似现象，即相似现象产生的机理。

(2) 为什么会存在安全相似系统，即安全相似系统产生的机理研究。

俗语道："莫看江面平如镜，要看水底万丈深"，讲的就是对事物机理本质的研究。机理指为实现系统某一特定功能，各要素的内在工作方式以及诸要素在一定环境下相互联系、相互作用的运行规则和原理；又指事物变化的理由和道理。对某一现象或系统的机理分析是通过对其内部原因分析，找出其变化规律的一种科学研究方法。通过系统作用机理的分析，可以从本质上把握系统运行中的各种状态显现规律及原因，为更好地提高系统功能奠定基础。

同时，针对所提出的相似现象与安全相似系统，其实在本质上是一致的。将相似现象在系统的视阈下进行研究，可以避免一叶障目的局限性、系统化的研究，有利于从整体上把握相似现象产生的本质，挖掘更深层，更真实的现象本质。将相似现象放置于系统之中，那么，我们所要探究的相似现象产生的原因，其实也就是安全相似系统产生的原因了。对此，上述两问题，均可总结为：安全相似系统产生机理分析。

3.3.2 机理模型构建与解析

相似学认为：相似性是系统间相似，系统相似是系统组成要素及其特性的函数。同理，对于安全系统，通过前文对于安全系统及安全相似系统数学模型的构建，有几点是需要作为基础来明确的：

要点1：安全系统是由多个要素构成的有机整体。

要点2：安全系统可通过系统构成要素来描述，也可以通过系统特性、功能、行为、信息来描述。

要点3：每个系统要素都具有其各自的特性、功能、行为和其所赋存的信息。

要点4：微观上安全系统的要素的特性、功能、行为和信息决定了宏观层面上安全系统的整体的特性、功能、行为和信息。

对于这四点的深刻理解是必需的，也是探究安全相似系统产生机理的前提。同时，根据式(3-12)，可以明确以下重要核心观点：

安全系统的整体显现（特性，功能等）是组成系统的元素（特性，功能等）的综合呈现。

接下来，根据切入维度的不同，及安全相似系统的相似类型的不同可分析出几条自相似的机理链。

3.3.2.1 空间自相似机理链

从空间维度出发，安全系统的要素自身的特性、运动行为和功能会影响安全系统整体显现的特性、行为、功能及信息，这种空间上的自相似可作为一条空间自相似机理链，也称自相似的空间属性。例如，机械系统中，如果系统整体呈现某种运动特质（振动、咬合、摇摆等），那么在该机械系统内部，必然存在一个或多个结构也呈现相似的运动行为。

3.3.2.2　时间自相似机理链

从时间维度出发，安全系统要素若在时间上存在周期性行为，即时间自相似状态，则可引发安全系统整体时间自相似特性的显现，这是时间自相似链，也称作自相似的时间属性。微观层面上，工作人员在白天和夜晚会呈现不同的生理和工作状态，而这种状态的变化是以天为单位周期性变化，呈自相似状态的，深夜人的身体会进入疲惫状态，更易发生操作失误；中观层面，企业系统在系统产出、收益，以及宏观层面，国家系统兴衰、经济的发展等方面也会呈现低谷或高峰的周期变化。

3.3.2.3　功能自相似机理链

从功能角度来看，安全系统要素的功能决定了安全系统整体显现的功能，当然，并不是要素所有的功能都会在系统层面上显现。同时，由于安全系统涌现性，使得安全系统存在单个要素不具有的功能。但毋庸置疑的是，安全系统要素的功能，他们之间的作用、行动方式，共同决定了安全系统整体的功能显现。这就是系统要素功能与系统整体功能体现间存在的相似性。例如，火灾事故救援系统中必然包括了灭火功能，而系统的灭火功能主要是通过消防灭火车、灭火器等消防系统构成要素实现的。从消防功能来讲，火灾事故救援系统和消防灭火车、灭火器等存在功能自相似。

3.3.2.4　行为自相似机理链

由系统行为角度出发，构成安全系统要素的行为，要素的行为模式、方式方法，决定了安全系统整体的行为体现。因此，系统要素行为与安全系统整体行为间存在相似性。例如，器械系统中齿轮的转动使得机械整体本身呈现转动；以生产小组为一个安全系统，当整个安全系统呈现良好的生产行为时，相似的，安全系统内的每个操作人员与设备间呈现良好的操作互动。

3.3.2.5　信息自相似机理链

信息是安全系统要素相互作用的一种方式，促进要素之间相互联系、配合，使系统内要素活动协调一致。安全信息是系统安全与危险运动状态的外在表现形式：①安全信息不仅包括物、环境、管理、系统和组织等的信息，还包括人的各种信息（安全生理、安全心理、安全意识、安全技能、安全教育、应变能力和管理能力等）；②安全信息反映系统安全状态，可指导人们的生产活动，有助于确认和控制生产活动中存在的危险隐患和意外事件的发生与发展态势，从而达到改进安全工作，消除现场生产危险隐患，预防和控制事故发生的目的；③安全信息的本质是安全管理和安全文化的载体，安全管理就是为了实现预定目标而对安全信息进行获取、传递、变换、处理与利用的过程。当安全系统中信息场赋存的内容、信息的作用方式与过程存在共同性时，形成信息的相似性。安全系统本身是信息的载体，包含反映自身与内部各组分的状态，且与来自自身外的信息即外部信息发生作用，与此同时，内部各组分之间也存在信息的交换。

3.3.2.6 特性自相似机理链

安全系统的特性方面，非常明显，要素的特性影响了安全系统整体特性，企业中每个人自觉遵守操作流程，呈现安全属性，相似的，整个系统层面安全水平也会提高，使企业作为整体呈现良好的安全状态。这就是系统要素特性与系统整体特性显现之间的自相似。安全系统特性，从广义上讲，认为包含了安全系统行为特性、安全系统功能特性、安全系统信息特性等，而对行为、功能、信息的分析，上文已经分别做了描述。为了缩小研究范围，这里，将特性定义为除去行为、功能、信息的其他属性描述。

在分析安全系统自相似机理链的基础上，可以知道安全系统间的相似机理。他相似，是安全系统间存在的相似性。安全系统他相似主要表现为：

（1）安全系统间对应特性的相似。两安全系统间存在相似的系统特性，如相似的系统规模、相似的系统运行模型、相似的系统管理体系、系统所属行业等。

（2）安全系统间的功能相似。具有相同或相似的特定目的的安全系统具有相似的系统功能。如安全管理系统的管理目的，操作流水线的生产目的，烟花爆竹及石油液化气工厂及储存的重点的防火防爆的目的，等等。

（3）安全系统间的行为相似。不同安全系统间具有相似的行为。最常见的是事故系统中产生的相似事故，以及面对相似事故相似的救援行动。

（4）安全系统间的信息相似。安全信息是使安全系统的一切要素以及多个安全系统之间建立关联的纽带，是对安全系统运动状态和变化的反映，表现的是客观事物运动状态和变化的实质内容。当不同安全系统间赋存的信息相似时，会导致系统在行为、特性、功能上的相似。

由此可知，安全系统的他相似主要体现在空间维度上的系统特性、系统行为、系统功能及系统信息间的相似，同时信息的相似，是系统相似的内在动力。图 3-7 是对安全系统他相似机理的分析思路描述。

基于安全相似系统机理模型构建的理论依据，构建安全系统相似性机理模型，参见图 3-8。

根据安全系统相似机理模型及所列出的相似机理链，可以将各机理链以数学公式形式表达，具体解析如下：

（1）自相似。空间及时间维度：

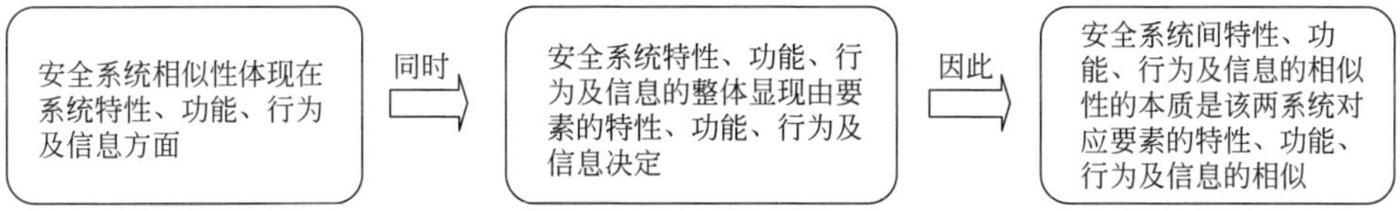

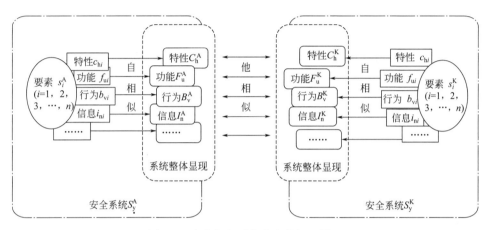

图 3-7 他相似机理分析

图 3-8 安全相似系统产生的机理模型

① 空间自相似如式(3-3)。

$$s_i = \{c_i, b_i, f_i, i_i, o_i\} \sim S_y = \{C_h, B_v, F_u, I_n, O_t\} \tag{3-13}$$

式(3-13)中,包括要素或整体的综合属性的相似,也包括在某一特定属性的相似,如性态、运动规律等,不做赘述。

② 时间自相似如式(3-14)。

$$S_y^{t_1} \sim S_y^{t_2} \tag{3-14}$$

其本质也是系统内部特性、功能、行为及信息的时间自相似。表示为式(3-15)。

$$\{s_i^{t_1} \mid c_h^{t_1}, b_v^{t_1}, f_u^{t_1}, i_n^{t_1}, o_t^{t_1}\} \sim \{s_i^{t_2} \mid c_h^{t_2}, b_v^{t_2}, f_u^{t_2}, i_n^{t_2}, o_t^{t_2}\} \tag{3-15}$$

安全系统构成要素维度:

③ 安全系统特性自相似如式(3-16)。

$$c_{hi} \sim C_h \tag{3-16}$$

④ 安全系统功能自相似如式(3-17)。

$$f_{ui} \sim F_u \tag{3-17}$$

⑤ 安全系统行为自相似如式(3-18)。

$$b_{vi} \sim B_v \tag{3-18}$$

⑥ 安全系统信息自相似如式(3-19)。

$$i_{ni} \sim I_n \tag{3-19}$$

由上可知，自相似是由系统要素属性向系统整体显现方向作用，形成的相似性的现象。

(2) 他相似

① 他相似在系统的整体层面表现为式(3-20)。

$$S_y^A \sim S_y^K \tag{3-20}$$

② 安全系统整体显现层面表现为式(3-21)。

$$S_y^A = \{C_h^A, B_v^A, F_u^A, I_n^A, O_t^A\} \sim \{C_h^K, B_v^K, F_u^K, I_n^K, O_t^K\} = S_y^K \tag{3-21}$$

③ 安全系统要素层面表现为式(3-22)。

$$\{s_i^A | c_h^A, b_v^A, f_u^A, i_n^A, o_t^A\} \sim \{s_i^K | c_h^K, b_v^K, f_u^K, i_n^K, o_t^K\} \tag{3-22}$$

他相似的形成是由相似系统间的相似要素作用的结果。安全系统组成要素的特性、行为、功能均不同程度影响了安全系统整体的特性、行为及功能。

3.4 应用的思路模型

安全相似系统学是研究安全系统相似性的规律及其工程应用的科学。如何运用安全相似系统理论建立、评估和改善安全系统，提高安全系统安全性能是安全相似系统工程实践的作用导向模型所要解决的问题。前面（2.3.4）已经将安全相似系统学的实践领域具体划分为相似分析、相似管理、相似设计、相似创造、相似评价和相似模拟。但是，如何将相似理论运用于系统实践，通过怎样的思路途径，怎样的思考方式用于实践，是安全相似系统实践模型回答的问题。

根据安全相似系统学各实践领域分类，构建安全相似系统学的应用思路模型。值得注意的是，该实践模型并不是具体的工程实践方法，作为相似原理在安全系统中应用的思考路径更为贴切。在实践中，安全系统间的相似性作用及安全系统间的相似作用方式是有所区别的，因此，将分别从自相似与他相似两方面进行分类表述。

3.4.1 自相似应用思路模型

根据相似性作用的方向与层面的不同，会对应不同的应用思路模式。为了层次清晰地厘清安全相似系统的应用思路模型，将安全相似系统学对于安全系统的作用与发展分别从自相似与他相似两方面来论述。图3-9描述了安全系统自相似理论与系统整体间的两种作用模型，也是安全相似系统原理在安全系统实践的应用模型。箭头表示的是根据相似原理进行应用时，应用思路的作用方向，包括了推导、学习、分析、实践等实践类别。

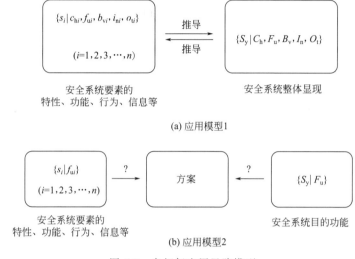

(a) 应用模型1

(b) 应用模型2

图 3-9 自相似应用思路模型

图 3-9(a) 表示的是运用自相似理论可以实现在组成要素与安全系统之间进行未知的特性，功能，演化等的相互推导。运用该作用模型，可以实现多种实践模式：

3.4.1.1 $s_i \rightarrow S_y$

针对某一安全系统（以宏观层面的 S_y 表示），系统结构、要素明确，要素特性、功能等（以微观层面的 s_i 表示）已知，安全系统 S_y 整体显现未知的情况下，可根据要素与系统整体间的自相似作用机理，由要素的特性、功能、行为等（s_i）推导可能的系统整体显现特性（S_y）。可用于未知系统的构造探究及深度剖析等方面。例如，正在行驶的车辆，与驾驶人员、道路环境构成了由人-车-路三大元素组成的安全系统，可运用该思路模式对该系统的安全状态进行分析评价。根据行为自相似，车辆轮胎自身决定了车辆的行进速度；根据功能自相似，轮胎及其他各配件的正常运行状态保证了车辆的安全行驶；同时，如若车辆行走的道路环境是驾驶人员经常路过的，那么根据时间自相似，驾驶人员对该路段及路况是熟悉的，增加了驾驶的安全性。

3.4.1.2 $S_y \rightarrow s_i$

表示的是工程中，面对某一安全系统，其功能、行为等可观测，其内部构成、内部要素或要素性质不明确的情况下，由要素与安全系统整体间的自相似作用机理，通过系统的特性、功能、行为等推导可能的安全系统内部构成。例如，某全新系统的安全运行状态良好，但其运行机制尚不明确，可通过要素与整体的相似性，根据安全系统整体显现属性，对安全系统内部机制做初步分析。同样，还是由人-车-路的安全系统，已知该系统安全且正常运行。那么由该系统的整体状态可对系统要素的状态进行推导。车辆未出现任何违章或危险驾驶行为，可以推断驾驶人员的驾驶状态是良好的，同时，车辆保持平稳安全的行驶，也可以推断车辆各配件是良好未出现故障的。

3.4.1.3　$s_i \rightarrow$ 方案 $\leftarrow S_y$

表示的是运用"功能相似族"设计理念，在仅知道目标安全系统功能的前提下，把从目标到基本结构之间的过程看作"黑箱"，将与其功能目标相应的功能相似族成员尽数搜寻出来，从中筛选最佳方案。在模型主要用于安全系统功能及组成要素功能已知的情况下，为安全系统功能的实现提供多种有效路径并从中选择合适方案的情况[146-148]，可用于安全系统设计，系统要素分析等层面。例如，某企业消防系统的设计，系统功能为消防功能，系统目标即为消防安全，即 S_y，在这一目标下，又可将消防安全细化为多个细化目标，如具有灭火功能、信息收发功能、危险源预防功能等。根据已经细化出的功能，寻找具有相应功能的元素，具有灭火功能的是各类型号的灭火器、消防栓、灭火车、消防水泵、消防炮等；具有信息收发功能的有各类型号的消防电话主机、消防电话分机、消防电话插孔、消防广播等；具有危险源预防功能的元素有各类型号的火灾警报器，例如烟雾报警器、漏电保护器、红外线传感器、一氧化碳报警器、燃气泄漏报警器等。同时，对人的火灾预防教育也具有火灾事故预防的功能，如火灾安全教育、火灾预防标语、火灾危险源辨识、消防器材的使用培训等。并根据实际情况组合排列形成消防系统的不同方案的组合，这样便形成了火灾预防、火灾报警到灭火的一系列消防系统的设计方案，并从多个方案中选取最优方案。

3.4.2　他相似应用思路模型构建

不同体系之间的他相似现象是由于系统构成要素、层次、运动等因素的相似造成的。安全系统他相似的应用思路模式与自相似应用思路模式是在本质上是一致的。他相似原理在安全系统之间的作用导向可用图 3-10 表示，箭头表示的是根据相似原理进行应用时思路的作用方向，包括了推导、学习、分析、实践等实践类别。

其中，可由图 3-10 的作用导向模式进一步推导不同方向的实践模型，见表 3-2。

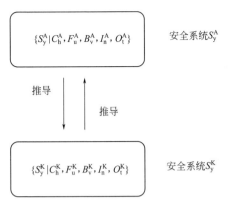

図 3-10　他相似实践模型

表 3-2　他相似实践模型分解

分　类	解　释	举　例
$S_y^A \rightarrow S_y^K$	S_y^A 为已知安全系统，S_y^K 为功能、特性和结构等不明的安全系统，可根据相似原理，由系统 S_y^A 的功能、特性、结构等对目标系统 S_y^K 进行推导	有安全状态良好的企业 S_y^A 作为已知安全系统。新建 S_y^K 企业与 S_y^A 在行业、规模、领域等方面相近，那么 K 可在教育培训、应急预案、员工组织等方面进行参考，以提高自身安全状态
$S_y^A \leftrightarrow S_y^K$	S_y^A、S_y^K 均为已知的安全系统，可在两相似系统之间进行要素、结构、运行等不同层次的比较，并相互借鉴与提升	S_y^A、S_y^K 为同一企业相同工艺生产线的两班组，则该两班组可分析之间的差异，寻求自身的不足，借鉴对方先进之处，进行自我提高
$S_y^A \rightarrow ?$	"?"指的是未知系统，通过研究安全系统的相似规律可大大提高对于未知系统的预见性，能由此及彼，以一知百，触类旁通	深井开采工程中，深井环境中人的生理机能参数是未知的，实地进行测量试验危险性大，则可通过受限空间试验，模拟相似环境，测量人体机能参数

为进一步明确相似性实践模型与安全相似系统学应用领域的实践关联性，列举安全相似系统学六大类应用领域主要的应用思路模型，参见表 3-3。

表 3-3　安全相似系统实践领域

实践领域	内　涵	备　注	主要实践模型
相似安全系统创造	通过认识已经存在的理想安全系统的性质和特征，依照相似性科学原理，创造出更加安全、功能更强的新的安全系统	相似安全系统创造的规律有：模仿相似创造、相似创新、相似启示创造等	$S_y^A \rightarrow S_y^K$； $S_y^A \rightarrow ?$； $S_y^A \rightarrow s_i$； $s_i \rightarrow$ 方案 $\leftarrow S_y^A$
相似安全系统设计	基于安全相似性形成原理，以相似系统建模、相似要素映射、相似特征变换、相似单位重构或重组、相似信息重用、相似模拟等为手段，进行新的安全相似系统设计的一系列实践过程	虽然安全系统的种类繁多、层次不同，但对于不同类型或层次的系统，支配其相似特性的本质原理是一致的，因此其设计过程及方法均有相似性	$s_i \rightarrow S_y^A$； $S_y^A \rightarrow S_y^K$； $S_y^A \rightarrow ?$； $S_y^A \rightarrow s_i$； $s_i \rightarrow$ 方案 $\leftarrow S_y^A$

续表

实践领域	内　涵	备　注	主要实践模型
相似安全系统分析	如何定性地描述安全系统间的相似、计算安全系统间的相似度，可为不同安全系统的相互借鉴和认识，进一步探索安全系统的未知相似性、安全系统相似规律及实践等提供途径等	主要包括安全系统相似特性分析、安全系统相似元分析、安全系统相似度分析等	$s_i \rightarrow S_y^A$； $S_y^A \rightarrow s_i$； $S_y^A \rightarrow S_y^K$； $S_y^A \leftrightarrow S_y^K$； $s_i \rightarrow$ 方案 $\leftarrow S_y^A$
相似安全系统模拟	基于安全系统相似性，以实体模型或数字信息处理等软件为手段，模仿真实安全系统，或是以某一系统模拟另一系统，使模仿系统或与被模仿系统之间构成相似系统	安全系统相似模拟的方法主要有：同序模拟、信息模拟、分解模拟、动态模拟、综合模拟等。	$s_i \rightarrow S_y^A$； $S_y^A \rightarrow s_i$； $S_y^A \rightarrow S_y^K$； $S_y^A \rightarrow$?
相似安全系统评价	运用相似理论，以已知的相似系统为参照物进行对比分析，通过计算系统间相似度、系统内部对应要素的相似度等，以定量的度量方式，实现更加客观的系统安全评价	通过对系统存在危险因素的分析，估测系统发生事故的概率	$a_i \rightarrow S_y^A$； $S_y^A \rightarrow s_i$； $S_y^A \rightarrow S_y^K$； $S_y^A \rightarrow$?
相似安全系统管理	通过相似性的管理运筹，对安全系统有相似性的问题进行相似操作及相似处理，使得安全系统决策和管理科学化，达到较好的安全管理效果	如若相似的安全系统之间的相似性大，则管理及处理问题的方法就有较大相似性，反之亦然	$S_y^A \rightarrow S_y^K$； $S_y^A \leftrightarrow S_y^K$； $S_y^A \rightarrow$?

第4章
安全相似系统学原理

　　科学原理在广义上也可以认为属于概念模型的一种。它是对客观事实的科学解说和系统解释，通过对现实世界到信息世界的抽象，简单、直接地做出对物质世界的正确反映。我们选择将原理做单独的章节进行探讨，这是因为：一是本书第 3 章的基础模型侧重于对相似及安全相似系统自身概念搭建和探索，致力于帮助研究者系统地对安全相似系统本体认识，而原理是在此基础上，以更高的认知层面，总结归纳一般规律，解释相似现象；二是从学科构建角度出发，安全相似系统的基本原理是安全相似系统学理论体系的重要构成，且原理自身依据学科特性已经可以自成体系，且原理体系在一定程度上又影响了学科的构建与发展。综上，本章将对安全相似系统学原理体系，原理的提炼方法进行研究并尝试提炼归纳部分安全相似系统学基础原理。

4.1　安全相似系统学原理概述

　　原理是具有普遍意义的基本规律，是在大量观察、实践的基础上，经过归纳、概括而得出的。是由一系列特定的概念、原理（命题）以及对这些概念、原理（命题）的严密论证组成的知识体系。科学原理具有解释和预测功能，并具有指导实践的内在倾向性。一个学科能够稳步向前发展的必要条件之一是较为完善的理论体系，基础原理是构成理论体系的重要组成部分。

　　对于安全科学原理的研究，吴超[149]从大安全的视角和安全科学的高度出发，提出并构建了安全科学原理体系，为安全科学的基础原理体系做了必要奠基。安全相似系统学原理是安全系统学原理的一支，因此，根据安全系统学与相似系统学的理论基础，并结合安全相似系统学自身属性特征，归纳学科间关联关系，构建安全相似系统学原理体系框架，阐述其研究对象和内容。

　　所谓安全科学原理[150,151]，是指人类在生活、生产、生存过程中，以保障身心免受外界不利因素影响为着眼点，经过观察、实践、归纳、抽象、概括出的具有普遍意义的基本科学规律。科学的原理以大量的实践为基础，其正确性为能被实验所检验。以安全相似系统学为背景，主要研究生产生活中相似安全现象的类型、特性及运动形式，揭示安全相似系统产生的原因、实质、演化规律，为相似理论在安全系统中的实践运用提供理论指导。

安全相似系统学原理属于安全科学原理的一部分，因此，安全相似系统学原理的研究，应以安全科学原理的研究方法为指导。结合安全科学原理层次的功能阐述，根据功能的不同将安全相似系统学原理，划分为四个层次：安全描述、安全解释、预测指导、借鉴启示，参见图 4-1。

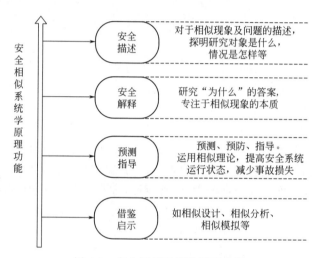

图 4-1　安全相似系统学原理功能

科学原理能够使人们在客观探清不安全现象本质的基础上准确地避开危险，让安全工作有条不紊地进行，并在实践中给予新的灵感和启示。可见，安全相似系统学原理在安全生活生产及科学研究中的重要性。那么，安全相似系统学原理本身的结构是什么呢？鉴于安全相似系统学隶属于安全科学，因此，可基于文献［78］中已确定的安全科学原理的 PCP 结构，将安全相似系统学原理的结构涵义概括为：

（1）安全预设。安全预设是科学原理生存的条件与根基，是原理依存的大背景，一般无须在原理命题中特别点明。安全相似系统学原理成立的大背景是安全系统，所有相似性的研究都以安全系统为依附和载体。

（2）安全概念。科学原理中所涉及的对象，一般可以分为变量和常量。安全相似系统学原理中所涉及的对象，如信息、系统安全序结构、安全系统等。其中，变量包括相似度、相似熵等；常量包括自相似、他相似、序结构等。

（3）安全命题。安全命题论述了概念或变量之间的关系，比如安全系统特性的相似导致安全系统功能的相似等。

在前面章节中，根据安全相似系统应用领域的不同，将安全相似系统学应用领域分为相似分析、相似模拟、相似创造、相似评价、相似设计等，并综合依据文献［93］，可构建安全相似系统学原理体系框架，如图 4-2 所示。

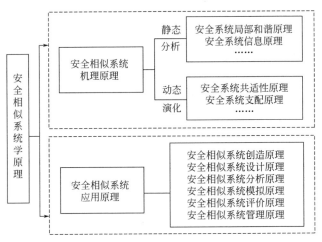

图 4-2　安全相似系统学原理体系框架

由图 4-2 可知，安全相似系统学原理首先分成了机理原理和应用原理两大部分。机理原理分别从静态形成原因和动态与演化形成原因两个角度对原理进行归纳；而应用原理则是根据安全相似系统学的应用领域进行初步的分类。

应用原理是以理论研究及大量工程实践与实验检验得出的，安全相似系统学形成原理是应用原理的前提，只有当相似机理原理有了丰富的理论基础，才能做进一步的实践探索。因此，本章中以安全相似系统机理原理为主要研究内容，以期为安全相似系统应用原理的研究奠定基础。

4.2　研究方法

鉴于安全相似系统学原理与安全科学原理的隶属关系，以安全科学原理的研究方法为安全相似系统学原理的研究提供借鉴基础。

文献［78］从研究方法论的角度，着眼于对于安全科学原理未来的发展、框架的构建和完善，按照安全科学原理的存在形态，根据存在状态的不同将安全科学原理分为已知的安全科学原理和未知安全科学原理，以构建思路为基线又将未知安全科学原理进一步划分，探索不同存在形态安全科学原理的研究取向及构建思路。由于安全相似系统学是一门全新的学科，并没有现成的（已知的）原理，因此，可主要着眼于对未知安全科学原理的研究，为安全相似系统学的原理研究提供思路。

（1）未知的安全科学原理分类。对于未知的安全科学原理，其发现研究是完善安全科学原理体系及发展安全学科的必经之路。因此未知安全科学原理应以研究—构建—提出为目前主要的研究取向。同时，由于未知的安全科学原理涵盖领域太过宽泛，研究特点、发展方向等不同。因此，根据其构建方法和思路的不同，又可初步划分为三类未知安全科学原理：

第一类：从已有不安全现象（如发生事故的因果关系）中提炼和归纳安全科学原理。从实际中的不安全现象、问题、事件出发，以事实为依据进行归纳总结概括，从中构建出更加抽象的安全原理概念。该思路强调了实践、数据的重要性。著名的海因里希事故因果连锁论就是基于大量数据的基础上提炼出的。其逻辑方法是归纳，是一个自下而上（Bottom-Up）的过程。

第二类：可以由已有其他学科知识中提炼和归纳出的安全科学原理。在已提出的安全科学原理中，大量原理都是以其他学科为技术背景。比如安全系统原理，是根据安全学学科需求并于系统学、系统工程、可靠性理论等学科中提出，同理，安全经济学原理、安全行为科学原理等，都离不开其他学科的交叉价值。这是由安全科学的多学科交叉综合性决定的，通过相关学科延伸出能够应用于安全的科学原理。对于此类型未知的安全科学原理的研究，可主要运用比较学及比较安全学等的内容。

第三类：通过科学实验等研究从未知世界中提炼和归纳安全科学原理。我们所存在的这个世界，这个宇宙无处不存在着人类知识、科技所未碰触的领域。爱因斯坦曾表示，当知道的越多，越感到未知的东西越多。任何时刻，任何学科都不应该忽视来自未知世界的启示和馈赠。

从现有研究手段及方法的角度出发，对第一类及第二类未知的安全科学原理的研究应属于可行性较高的，也是对安全相似系统学原理研究较为助益的。

（2）第一类未知安全科学原理研究思维主线及方法。结合第一类未知安全科学原理概念，并针对安全科学原理兼具有社会科学、自然科学等学科的综合交叉特性，该类安全科学原理的提出，可遵循安全现象-安全规律-安全科学原理的主线，并以此为探索构建未知安全科学原理的切入点，整理对应于该主线的每个部分对应的研究方法[152-154]。具体方法参见表 4-1 及图 4-3。

表 4-1　第一类未知安全科学原理发展的阶段一般方法

阶段	方法	定　义	注　解
安全现象	观察	在安全科学原理研究中，通过观察有关安全现象等，发现问题，提出问题，并进一步解决	科学的观察应是有针对性地聚焦于某点而不是毫无目的地统揽统包
	发现	包括发现前所未有的现象、实体等。通常有三个层次：①安全现象等的发现；②安全定律的发现；③科学理论的建立	发现是科学研究中揭示未知现象、原理的前提条件，具有偶然性，且跟个人直觉灵感、顿悟等非理性作用有关

续表

阶段	方法	定　义	注　解
安全现象	搜集	因为只有事实和客观资料才是科学的立足点。通过对足够的资料的研究才能为认识事物和现象的本质提供依据	搜集资料的方法有很多,包括统计法、调研法、阅读文献、访谈等
	整理	通过一系列操作使收集的原始资料系统化和条理化而形成对揭示现象规律本质的有价值的资料整体	一般有比较、类比、分析、综合、归纳、演绎等方法
	描述	运用文字或符号形式,将搜集整理的资料、经验、现象有序的和系统的表述	其任务是在描述的过程中,探清研究对象的性质及发生的变化
安全规律	解释	是指科学解释,对某现象原因、规律、根据,进行理解并说明。其特点是,逻辑相关性和可检验性	包括两种逻辑结构:一是演绎模型,强调必然的因果关系;二是归纳模型,强调前提到结果的或然性
	归纳	从搜集整理的资料、经验、事实中概括其一般性的概念、结论、本质等	本质是从特殊到一般,从个别到普遍的推理
	假说	根据已知的原理、事物的本质、规律等做出推断性和尝试性的说明	具有科学性、推断性、逻辑性、抽象性、预见性的特点
	检验	即检查验证,为验证观点、结论的正确性,通过演绎的逻辑,根据一定手段、标准、要求来确认	根据检验出发点的不同,主要的检验方法包括证明法、试错法、试验法等
安全原理	抽象	由所研究的安全现象中抽取某一有价值代表性属性而摒弃其他属性的思维方式	包括三个环节:分离、提炼、概括等
	概括	以概念、规律或理论等形式将若干共同属性的事物抽取其共同性,以形成概念及规律的认识活动	概括是发生在抽象的同时或基础之上的,两者应该是密不可分的关系

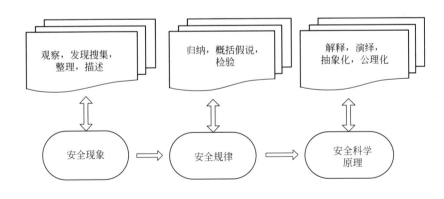

图 4-3　第一类未知安全科学原理发展主线

通过分析第一类未知安全科学原理发展阶段及其一般方法，可以发现，对于原理的研究是一个包含一系列过程步骤的有序系统。根据上述研究，提出一种可行的研究步骤，如图 4-4 所示。

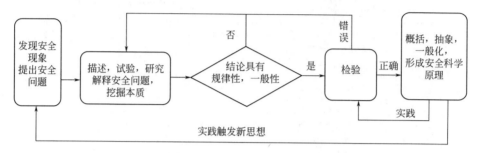

图 4-4　第一类未知安全科学原理研究步骤

① 发现安全现象，提出问题。通过在实践中的偶然发现或观察，发现安全现象，这种现象可以是消极的如事故的发生，也可以是积极的如危险的消除。以安全现象为切入点，通过对现象进行资料查阅、调查、搜集等，提出与之相应的问题，比如"为何发生"、"如何避免"、"有何规律"等。

② 解释安全问题，揭示本质。通过对安全现象、问题的描述，确定解决问题的方法步骤。如试验法、文献查阅法以及数值模拟等。通过大量的数据，科学地解释安全现象，进一步找寻结论的规律，探索其一般性的本质。

③ 检验。不管是最终形成的安全科学原理或是中途提出的一般性规律、结论，都应经得起实践。包括来自时间的检验、实践中的检验、实际状况的检验等。

④ 抽象化。将得出的结论或规律进一步概括、抽象，形成一般化有普适性的安全科学原理。形成的安全科学原理将在实践中得到进一步的检验，形成循环。

（3）第二类未知安全科学原理构建研究。比较法是比较学中基础的研究方法，其精髓是不同对象间的相互比较、借鉴、融合、移植、升华。鉴于本章所提出的第二类未知安全科学原理的概念，比较研究是其中一种较为直观、可行性高的研究思路。结合比较学及比较安全学，根据相关学者研究，提出其中一种可由其他学科比较获取的安全科学原理的构建思维模式，参见图 4-5。

（4）安全相似系统原理的研究步骤。安全相似系统学是以生活中诸多相似的安全现象为切入点，并结合相似学与安全系统学创建的全新的学科，因此，在进行安全相似系统学原理的研究时，应综合第一类与第二类的安全科学原理的研究历程，对基本原理进行探究。在安全相似系统学原理体系及基础原理框架丰富后，再以第三类原理的研究步骤做进一步的探索，参见图 4-6。

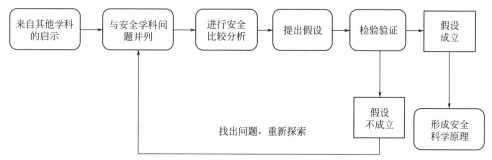

图 4-5　一种第二类未知安全科学原理构建步骤

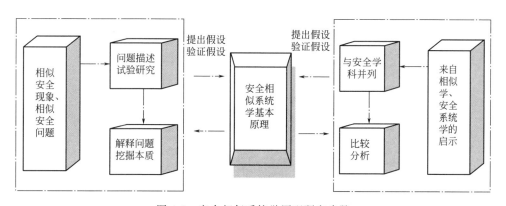

图 4-6　安全相似系统学原理研究步骤

根据图 4-6 可以看出，当前研究阶段，安全相似系统学基础原理的来源主要有以下两方面：

① 相似安全现象和相似安全问题。如相似现象的机理是什么，相似现象的原因及具体的相似现象的背后的规律及本质。通过对问题的描述，研究分析，挖掘本质，形成安全相似系统学原理。

② 来自相似学、安全系统学的启示。通过与安全相似系统学并列，寻找学科之间的共性，比较分析，借鉴成熟学科的已知的科学原理并与安全相似系统学相结合，形成安全相似系统学的科学原理。

安全相似系统学原理的研究是一个动态的、有序的、系统的过程。值得注意的是，包括安全相似系统学原理在内的所有学科的研究都是一个充满不确定因素的动态的过程，而本章所给出的取向步骤仅仅是对于安全相似系统学原理研究重点及趋势的把握，在实践中应根据具体实际灵活把握。

通过对安全相似系统学原理的研究方法进行探究，运用该方法思路，研究获得安全相似系统学四条基本原理：安全相似系统局部和谐原理、安全相似系统信息原理、安全相似系统共适性原理及安全相似系统支配原理。

4.3　安全相似系统局部和谐原理

4.3.1　安全序结构

谓"序",指的是有条理,不混乱的情况,是"无序"的相对面,它反映的是事物的组成规律及出现顺序。例如自然数 1,2,3,…,N 就是最基本的序的形式。序是普遍存在的,任何呈现规律性、周期性或稳定性的事物都可以称为序。

为了与其他学科中的序概念加以区分,我们称安全科学中的与安全相关的序结构为安全序。由于安全自身就是一个追求恒定稳态的系统,因此,在安全领域或安全系统内必然存在着大量的安全序。人自身是一个稳态的序,当人处于生产工作状态时,由人、机组成的系统可视为一个安全序,工作小组内呈现稳定的工作流程,这时工作小组内部也是一个安全序单位;多个部门安全序让企业呈现良好并且安全的运行状态,这时,从政府或社会层面看来,企业也是一个安全序。当把事物以系统视角考虑时,序表现的是系统中组成要素的某种规律性。当以生产线小组为一个安全序单位时,其中一个安全序的生产节奏的混乱,可能会影响整个生产线的运行,造成损失。因此,安全序跟系统的稳态是息息相关的。

系统安全序结构主要反映的是系统内部要素之间的有机关联方式及相互作用的顺序。随着要素排列的规则程度,联系的紧密,将序划分为:有序、混乱序和无序。有序至无序对应的是稳定性、确定性及规律性从强至弱的变化。事物呈无序状态时,呈随机性与不确定性状态。如施工设施、设备摆放杂乱无章,就是无序,而无序状态下,对于设备的管理及施工安全的保障就更为艰难。相对的,这也就是为什么提倡进场培训,岗位培训,其实质是为了使人员的行为趋于有序性。

系统中的安全序结构决定了系统的整体结构与功能。同安全系统一样,安全序结构也存在时空维度下的多层次属性,按照安全序结构存在的维度,将安全系统中的安全序结构做如下划分。

(1)空间安全序。空间安全序指的是在安全系统中空间上呈现有序的结构。它表征安全系统中组成要素的空间排列、组合和相互联系的方式。当排列、组合及联系方式呈规律性时,称空间安全有序。要素空间排列的有序性形成系统特性的相似性。最简单的例子是不同行业、不同区域的安全系统均具有安全管理部门,生产操作小组,领导班子等部门,这是安全系统的空间有序。另外,在工程中,工程布置的有序性(设备临近施工地放置,易燃易爆物品远离人员存放等),等等。

(2)时间安全序。时间安全序指的是在安全系统中时间维度上呈现的序结构。它表征了安全系统中要素运动的时间形式,当运动时间呈规律性时,称时间有序。对于时间有序反映较大的是安全系统中的人或人群。关于人体时间有序的研究，对于安全管理是大有裨益的，通过把握人在特定的外部环境、气温、气压等条件下关于时间的有序性，可以合理地避开操作人员生理（身体）的低潮期，避免由于人员失误造成危险及事故。

（3）功能安全序。功能安全序表示安全系统要素在相互联系、相互作用过程中表现出一定的功能。当功能表现出一定的等级层次的规律时，称功能有序。安全系统功能有序体现了安全系统与环境之间的能量、信息、物质交换的能力。安全系统是一个不断与外界环境进行物质、能量、信息交换的开放系统，随着安全系统所在环境的变化，会导致系统功能发生相应变动，根据系统需求调整自身秩序，产生不同的系统行为，甚至会出现不同的结果。由此可知，安全系统的功能与系统行为之间，是有相通之处的。

安全系统行为是安全系统整体在环境作用下，对外部环境协调效应的过程。安全系统这种协调变化能力反映系统功能。但是，安全系统功能与安全系统行为的区别在于：安全系统的系统功能虽然也是系统整体与环境介质互相作用下表现出来的，但安全系统功能主要描述的是系统与环境作用过程中，对环境施加影响及作用的能力，而并不注重系统与环境作用中状态的变化。在安全系统中，应注重个体的功能有序性。社群中每个群体都有一定的结构组成，一般都有首领和从属之分，他们有各自的等级位置排序，群体的每个成员都有自己的任务、位置和功能，有不同的行为表现。人是高级的群体动物，同样，在安全系统中，企业领导、班组班长等都是所在系统不同层次的首领。当其领头作用的人表现出强的责任心，以身作则，会对他所在的系统内部人员有良好的领导带头作用。

4.3.2 安全相似系统局部和谐原理及推论

根据系统安全序结构的内涵描述及安全序对安全系统行为功能的影响，可提炼出基于安全相似系统局部和谐原理，又称安全相似系统安全序原理。

原理1：安全相似系统局部和谐原理

安全预设：安全系统。

安全概念：安全系统，安全序。

安全命题1：安全系统组成要素协调搭配的安全序结构具有共同性，则安全系统间形成相似性，促进安全系统和谐有序。

安全系统结构与安全序密不可分，系统结构反映系统内部各要素的关联，而系统安全序结构反映了系统要素之间的有机关联方式和相互作用的顺序。安全序导致了系统的局部的安全和谐有序。不管是人工系统还是自然系统，通过自组织发生的微观上序结构的变动，导致宏观特性的变化。当系统序结构或序结构转变过程中存在共同点时，系统形成相似性。

前面相似机理研究可知，安全系统整体行为、功能、特性的显现是安全系统内部要素的外部表现，安全系统整体功能取决于系统内部要素。当以安全序结构为单位审视安全系统时，若不同安全系统中的安全序存在共同性时，则导致系统间存在相似性，安全序的相似性与安全系统相似关联关系参见图 4-7。可以发现，图 4-7 与 3.3.2 部分图 3-9 的核心思想其实是一致的：以安全系统内部要素的行为、功能、信息、特性等的有序结构，即行为安全序、功能安全序、信息安全序、特性安全序为研究单位，当安全系统间对应安全序结构存在相似性时，安全系统整体表现出对应的相似特性。

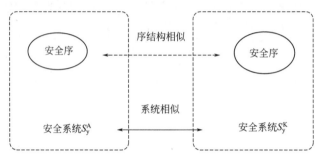

图 4-7　安全序与安全相似系统

根据安全序分类的不同，安全命题 1 又可以进一步理解为：

（1）当安全系统"时间和谐有序"共性形成相似性，促使系统有序高效运行；

（2）当安全系统"空间和谐有序"共性形成相似性，促进系统合理构形；

（3）当安全系统"结构和谐有序"共性形成相似性，促进整体系统的结构优化；

（4）当安全系统"功能和谐有序"共性形成相似性，促进系统功效和能力；

（5）当安全系统"行为和谐有序"共性形成相似性，促进系统活动协调一致；

（6）当安全系统"氛围和谐有序"共性形成相似性，促进系统安全人自组织。

通过上述分析，根据安全系统局部和谐原理命题 1 可做以下推论：

推论 1：若安全系统的安全序结构相对稳定，则安全系统间相似性相对不变。

系统间对应安全序结构的相似性促使安全系统间相似性的形成，相似的安全序结构是安全系统他相似的成因及要素。因此，当系统内安全序保持相对稳定状态时，在无外力作用的条件下，安全系统间的相似性也保持稳定。反之，若系统间对应安全序发生变化，使对应相似安全序增加或减少，便随安全系统间相似性也会产生变化。

推论 2：安全系统相似性随安全序结构变动而变化。

当安全系统间存在相似的行为安全序时，安全系统间呈现相似行为；同理，当安全系统间存在相似的功能安全序、特性安全序、信息安全序时，安全系统间存在相似的功能，相似特性，或赋存相似信息。

同时，安全序具有层次性和结构特性，系统内安全序的种类及数量影响了安全系统的和谐程度，据此，提出安全相似系统局部和谐原理的安全命题 2。

安全命题 2：安全系统内的安全序越复杂越庞大，自相似越难，各个安全系统间的他相似也越难。

安全序内包含基本元素数量的多少以及元素之间关系的复杂程度（包括元素间排列的有序性，运动的规律性，相互影响程度等）影响了安全序的有序程度。安全系统间对应安全序包涵的要素越多，要素关系越复杂，越难形成对应安全序的相似性。同理，安全系统包含的安全序数量及种类越多，安全序之间相互关系越复杂，致使安全系统间越难形成相似性。

根据安全系统局部和谐原理命题 2 可做以下推论：

推论 1：安全序结构越复杂的安全系统，实现局部和谐更加困难。

安全系统内安全序越复杂，数量繁多的安全序之间相互作用，相互影响，是导致使安全系统有序程度降低的原因之一，安全系统有序程度降低便造成系统局部和谐度降低。

推论 2：安全系统内的安全序越复杂，系统的和谐度越小。

由推论 1 知道，系统内安全序的复杂程度影响了安全系统的局部和谐度，因此不难推测，当安全系统局部和谐度产生变化时，安全系统整体的和谐度也会受到影响。

4.4 安全相似系统信息原理

4.4.1 安全信息

随着社会技术系统复杂性的提高，尤其是进入大数据时代、工业 4.0 时代、人工智能时代以后，复杂系统事故的多米诺效应越来越大。安全系统所赋存的物质流、能量流、信息流及其关联关系是表征系统安全动态演化的过程。其中信息流从中起到传带链接作用，物质流和能量流的流通是通过信息流的形式表现。换言之，信息流是系统存在和运动的内在机制，在安全系统中，信息流的作用越来越重要，安全系统对信息的依赖性也越来越强。2014 年，Westrum[155] 在《Safety Science》专刊中论述了信息在安全科学领域的重要性及其研究潜力，认为信息流是系统安全的生命线。

根据不同的分析目的，可从不同角度对安全信息进行划分，参见表 4-2。

表 4-2 安全信息的分类

划分依据	类 型	类型含义
安全信息状态	静态安全信息	反映系统某个处于相对静止状态的信息,已经发生或有记录的事故、职业病、安全隐患等安全数据信息,采集、利用时要注意其时效性
	动态安全信息	反映事物处于相对运动状态的信息,其与静态安全信息是相对的,指动态变化的事故、危险因素、安全资源检索等安全数据信息
安全信息的显隐性	显性安全信息	直接表征安全状态的信息,前者如安全报表、安全图纸、安全书刊等
	隐形安全信息	间接表征安全状态的信息,如心理指数、电信号、声信号、光信号、机器声音变化等
安全系统元素	人本身的安全信息	表征人的安全心理、安全生理状态的安全信息,如表征人的风险感知能力的信息
	物本身的安全信息	表征物的安全状态的安全信息,如设备的可靠度、故障率、安全等级等信息
	环境的安全信息	表征系统环境状态的安全信息,包括物理环境和技术环境
安全信息处理	一次安全信息	生产和生活过程中的人、机、环境的客观安全状态和属性,具体而言就是未经加工的最原始的安全信息,如机器声音、流量、流速、温度、压力等
	二次安全信息	对原始信息加工处理后的有序、规则的安全信息,易于存储、检索、传递和使用,如各种安全法规、条例、政策、标准,安全科学理论、技术文献,企业安全规划、总结、分析报告等
安全信息特征	定性安全信息	用非计量形式描述系统安全或危险状态特征的信息,如各种安全标志、安全信号;安全生产方针、政策、法规和上级主管部门及领导的安全指示、要求;安全工作计划;企业各种安全法规;隐患整改通知书、违章处理通知书等
	定量安全信息	用计量形式描述系统安全或危险状态变化特征的信息,如各类事故的预计控制率、实际发生率及查处率;职工安全教育率、合格率、违章率及查处率;隐患检出率、整改率,安全措施项目完成率、安全技术装备率、尘毒危害治理率;设备定检率、完好率等
安全信息的价值性	有价值安全信息	正确反映系统中物质和能量状态的安全信息有利于安全管理、安全方针政策制定、风险评估和事故预防等,是科学的安全预测与决策的前提(正向作用)
	无价值安全信息	错误反映系统中物质和能量状态的安全信息将会对安全预测与决策和应急管理等带来严重的恶劣影响,是导致和加剧社会恐慌、事故扩大等二次事故的原因(负向作用)

安全系统本身是信息的大载体,不仅包含反映自身与内部各组分的状态,且与来自自身外的安全信息即外部安全信息发生作用,与此同时,内部各组分之间也存在安全信息的交换。信息流入系统,与系统自身带有的信息一同经过一系列复杂的信道,在各种安全信息交叠、相互作用后,产生反馈信息,输出结果。采用从来源与功能状态两个视角对系统中的安全信息分类,各信息流与系统的相互作用关系如图 4-8 所示。

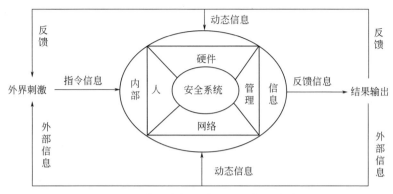

图 4-8　信息流与系统的相互作用关系

安全信息沿一定的信息通道（信道）从发送者（信源）到接收者（信宿）的流动过程中，产生信息的收集、传递、加工、存储、传播、利用、反馈等活动形成安全信息流。广义安全信息流是指安全信息的传递与流通过程；狭义的安全信息流是指在空间和时间上向同一方向运动过程中的一组安全信息，即由信息源向接收源传递的具有一定功能、目标和结构的全部安全信息的集合。安全信息流的分类参见表 4-3。在任何一个安全信息流结构中，均包含信息的输入/输出过程，即信息源、信息加工反应系统与信息传输系统。

表 4-3　安全信息流的分类

分　类	释　义
人-物 信息流	信源是人(如各种操作人员、驾驶人员、管理人员、调度人员、指挥人员等)，信宿为各种机器、设备。大型系统中，通常是"多人-多物"信息流
人-人 信息流	信源是"人"或"人群"，信宿也是"人"或"人群"，如风险沟通中的信息流动、安全教育培训中的信息流动、安全会议中的安全信息流动等
物-物 信息流	信源是"物"(各种控制装置或控制设备)，包括控制器、调节器、测量装置、执行机构、控制计算机等，信宿也是"物"(各种生产机器或设备、交通运输设备等)，如温度、流量、压力、转速、水位、行程、料位、成分、浓度、粒度等

4.4.2　安全相似系统信息原理及推论

当安全系统中安全赋存的内容、安全信息的作用方式与过程存在共同性时，安全系统间形成相似性。通过上述分析，信息的产生、存储和传递，安全系统的安全序的形成及演变与信息作用相关，这就是安全相似系统学信息原理。

原理 2：安全相似系统学信息原理。

安全预设：安全系统。

安全概念：安全信息，序结构。

安全命题：安全系统间安全信息作用共同性形成安全系统的相似性，维系群体和谐有序活动。

安全系统之间的相似特性与安全信息作用的相似性有关。安全信息是安全系统特质产生，系统运行的内在动力，是安全系统及子系统间相互适应、相互联系、相互制约交流的纽带。就自相似而言，安全系统内部信息作用促进了安全系统与子系统间的相似特质的形成，并促使系统有序结构的形成，对系统和谐产生积极作用。安全系统要素协同作用发生的自组织过程，安全信息的作用也贯穿其中。同理，对于他相似，不同安全系统之间的相似或相同的安全信息，产生系统间相似特性。在相同的信息场作用下，安全信息作为整个信息场的一个组成部分，促进安全系统内部结构变化，安全系统状态的转变其实是系统序结构的转变。这种转变是一种高度非线性的，从信息视角出发，转变的过程就是安全信息作用的过程。

将安全信息在安全相似系统中作用的特质总结如下：

（1）从安全系统自组织层面，安全信息是系统组织性的一种度量，是描述安全系统有序程度的方法，是系统安全序的体现。

（2）从安全系统可调控性层面，安全信息是系统自我调节，与环境的交互，实现系统结构功能的控制与调节的交换方式。所有具有严密组织的系统均有其密切的信息联系。安全系统间的安全信息通过其特有的交流方式，进行系统结构与功能的调控。

（3）安全信息可用于表征安全系统的联系、变化及差异，它是各要素之间相互作用的一种方式，促进要素之间相互联系、配合，是系统内要素活动协调一致。任何系统都有一定的结构，不同的序结构赋予的信息不同，反之，在不同的安全信息作用下，系统必有相应的序结构。当安全系统结构、特性发生变化时，首先就是系统赋存的安全信息及其作用方式与过程的变化，系统安全序结构直接被安全信息所支配。

（4）从安全信息在安全系统中的表现形式层面，安全信息反映了系统物质、能量在时间维度上的不均匀分布。信息通过消息的形式（消息是在时间上可量事件的离散或连续序列）同时间序列联系，并通过周期性或近似周期性的脉冲序列传播。

由安全系统信息原理可做如下推论：

推论1：安全系统的相似度随信息作用的共同性增大而上升，随信息作用共同性减小而下降。

推论2：安全系统间的信息作用共同性大小维系系统和谐有序的程度。

推论3：安全系统的相似性随信息作用的内容、强度及作用方式的差异而变化。

不同安全系统间在相同安全信息作用下，使得系统走向趋近或相似。同时，系统信息场的性质、内容、作用方式对不同安全系统间安全序结构类同起作用。由安全信息引起的安全序的相似也直接影响安全系统的相似性，即信息场中的信息的内容、作用方式与安全系统间相似性有关。

4.5 安全相似系统共适性原理

4.5.1 安全系统共适性

共适性[156-158]最初指的是生物系统中的各要素相互适应，合作。例如人体器官，组织之间的和谐有序使人的生理机能正常运作；又如设备系统内部不同组件之间的相互适应磨合，让设备整体有条不紊地运行工作。将和谐有序的整体系统中共存的子系统间的相互适应、协调合作定义为系统共适性。系统的共适性概念不仅局限于生物系统，对于一切有组织层次的系统均适用，也包括安全系统。

安全系统共适性具备两个必要条件：一是安全系统共存；二是彼此适应。根据安全系统适应信号来源的不同，将安全系统的适应分为自适应和适应。适应与自适应的区别在于自适应的信号来于安全系统内部，而适应的信号源于安全系统外部。自适应[159,160]不再将外部的信息看作是外部作用，而是安全系统整体内部的信息作用。因此，自适应是更大安全系统的系统适应。根据安全系统与环境的关系，系统与环境构成了更大的环境，从这个角度来讲，安全系统的适应与自适应也是具有相对性的。

（1）安全系统对环境的适应性。安全系统作为开放性的系统，不断接受环境中的指令信号（企业竞争信号、国家政策信号、市场需求调整信号、科技生产进步信号，等等），促进系统不断演化使之与环境相适应。在适应的过程中，发生相似性的变化，根据适应变化的不同，分为趋同适应、趋异适应、系统间共适应，参见表4-4。

表4-4 安全系统的共适应

类 型	解 释	举 例
趋同适应	在同一环境下的不同安全系统,因为接收相同的环境信息指令,使不同的安全系统会出现相似的特性、功能、结构等。这种多个系统间出现的相似特性,属于他相似范畴	同一地区,企业生产多数员工有着相似的地域背景,企业规章制度受到同一政府政策约束;在同样的行业背景下,安全系统关于有相似的重大危险源预防政策,相似易发事故的救援预案,等等
趋异适应	在新的环境中,安全系统接受新的信息指令,原系统为了适应新的环境,需将某些与环境无法适应的特性、功能、结构等做相应改变。新的特性、功能、结构等与系统原先特性、功能、结构等相结合,构成新的系统特质,导致原先系统的相似特性发生变化,相似特性降低	在安全系统或人类系统中,为了提高竞争力,提高安全状态并降低安全投入,取得良好效益,往往需要根据环境进行突破创新,生产工艺改革,新设备引进,人员配置等

续表

类　型	解　释	举　例
系统间共适应	同一环境中,往往同时存在多个系统,就像在某一地区存在大小、规模、层次不同的安全系统。他们之间相互适应,形成和谐共存的状态	在同一环境中,可以把包括环境在内的多个系统看作一个更大的系统,这样在环境内的系统均为子系统,子系统在适应过程中,由于信息交流和反馈的相似性,在大系统中出现相似

（2）安全系统自适应。当仅聚焦于安全系统自身时,如果安全系统能够根据信息指令与信息反馈从系统自身进行调节,不断改变系统特性、功能与结构,以利于系统生存发展,使系统保持在最优状态,称安全系统的自适应。在安全系统内部要素（子系统）适应的过程中是形成某种有序性过程。安全系统的自适应主要表现为安全系统子系统主动适应主系统的结构与功能的要求,包括子系统主动适应主系统,分系统协调适应,参见表4-5。

表 4-5　安全系统的自适应

分　类	解　释	举　例
子系统适应主系统	子系统适应主系统包含两个层面:①主系统是安全系统的整体,子系统需要在特质、功能、结构等方面适应整体的要求;②当安全系统存在某核心时,子系统顺应核心作用。当子系统适应主系统时,在自系统与整体之间便存在特质、功能、结构等方面的相似性	安全系统中存在多个部门,每个部门又有多名工作人员,包含多个工序。这些部门的工作都以管理层指示为核心,而工作人员工作又是以部门任务为中心,每个工序都是为了实现相应的操作目的,环环相扣,以实现最终的安全系统的目的为主旨
分系统协调适应	子系统在适应主系统要求的同时,子系统之间也要相互适应。子系统之间在信息作用下,相互配合协调,顺应主系统变化	安全系统内的多个部门、人员,都是在其各自的工作目的的前提下,各部门、人员相互协调、配合,才能功能实现系统目的

4.5.2　安全相似系统共适性原理

当安全系统间不断彼此适应,安全系统的特性及相似性会发生相应变化。适应的过程,不仅表现的是安全系统被动的适应,更体现了安全系统对于环境,对于需求的主动性。据此,总结安全相似系统共适性原理。

原理3:安全相似系统共适性原理。

安全预设:安全系统。

安全概念:共适应,系统演化。

安全命题1:安全系统的共适性,是促进安全系统演化、进步,导致相似性演变的内在动力。

安全系统是由多个相互关联的要素及子系统构成。要素之间,子系统之间以安全信息交流，系统有序结构和功能的出现，是子系统共适性的结果。随着安全系统共适性的不断发展，安全系统特性会发生相应的变化。安全系统的共适性促进了安全系统进化，这导致了安全系统相似性的演变，参见图4-9。

图 4-9　安全系统共适性原理

安全系统共适性阐明了多要素及子系统在共存的状态下，需要彼此的不断变化适应，改变那些无法相互适应的特性，使整体趋于和谐。安全系统在共适进化的过程中，导致相似特性发生变化，通过研究安全系统共适性，可以揭示安全系统演化，安全系统序结构的形成发展，相似性随系统演化的改变，从根本上揭示了相似性形成的原理和演变的内在动力。

安全系统的共适性导致安全系统的演化及相似性的演变。根据已构建的安全系统及安全相似系统的数学模型，将安全系统从系统结构、系统特性、系统功能、系统信息四方面进行描述。由于结构、功能、信息都是描述安全系统属性的指标，是系统所具备的性质或品质，为了公式的简化处理，在这里我们将安全系统结构、安全系统特性、安全系统功能、安全系统信息统称为广义的安全系统特性，以 Q 表示，公式为：

$$Q \in \{C_h, B_v, F_u, I_n\} \tag{4-1}$$

C_h 是安全系统整体表现出的系统特性；B_v 为安全系统的整体行为体现；F_u 是安全系统的系统功能；I_n 为安全系统赋存的信息。安全系统在不同的时间状态下的特性不同，以变量 q_i 表示，每一种特性又对应一种安全系统的状态，因此，安全系统的状态可以用变量 q_i 表示。每一个特性对应的安全系统状态是时间序列上的函数，记为 $Q(t)$，公式为：

$$Q(t) = \begin{bmatrix} q_1(t) \\ q_2(t) \\ q_3(t) \\ \cdots \\ q_i(t) \end{bmatrix} \tag{4-2}$$

由于安全系统的共适性，在同一个安全系统内部共存的子系统某一特性发生变化时，会导致其他子系统的特性发生改变，及发生系统的共进化。安全系统的特性是有限的，这种特性的动态关联可用公式(4-3)表示：

$$\frac{\mathrm{d}Q_i}{\mathrm{d}t} = f_i(Q_1, Q_2, Q_3, \cdots, Q_n) \tag{4-3}$$

任何一个 Q_i 的变化承担着所有其他量以及整个方程组的变化，安全系统特性变化具有关联性，即表示安全系统的共进化。由特性演变的关联性，可以得出相似演变的关联性。

安全系统的相似程度是以系统中每个特性的相似度为基础计算的，安全系统的特性改变，会使系统的相似性发生变化。式(4-3)表明了安全系统特性变化的关联性，那么根据式(4-3)，可通过式(4-4)表示安全系统的相似性的关联性。相似度记为 S。

$$\frac{\mathrm{d}S_i}{\mathrm{d}t} = f_i(S_1, S_2, S_3, \cdots, S_n) \tag{4-4}$$

式(4-4)表明，任何任一系统间相似性值 S_1 的变化，是所有与之共存的多个系统相似性变化的函数，因此可知，安全系统相似性的演变受到系统共适性的制约。

由安全系统共适应性原理可以获得更多有价值的推论。共适性的关键是子系统间的协调配合，因此提出安全相似系统共适性原理的安全命题2。

安全命题2：安全系统内不同层次子系统协调配合形成安全系统自相似性，协和整体与部分，促成安全系统整体和谐有序运动，有利于安全系统的维系和发展。

不同行业、地域的安全系统都是其与之所处环境、文化、需求适应的结果，不同部门特有的运作方式，因地因人制宜的应急救援体系，都是对系统整体需求的适应。因此有安全命题3。

安全命题3：安全系统能适应多样化环境，其差异化和谐造就多样性，有利于提高不同系统适合于自身条件下的安全发展能力。安全系统间有相似而不相异，有利于保持安全系统的创新活力及灵活运动能力。

4.6　安全相似系统支配原理

安全系统存在多种特性，且在安全系统共适性原理的支配下，多种特性在共适的过程中，发生演变。就像生物系统的演变以"物竞天择，适者生存"的规律所支配一样，在安全系统演变的过程中，每种特性变形的过程和方式都受某种规律所支配。尽管安全系统的大小、规模、依存环境不同，但是依然可以发现它们之间的相似性，只是相似程度不同。因此，可以认为，安全系统特性的相似程度与支配安全系统的规律是相关的。受同一种支配规律而形成相似性的例子比比皆是，例如人体在不同生活或工作环境中，生理机能够适应变化的环境，形成的相似性，是在人体系统自组织的支配原理下形成的，如在闷热工作环境中，多数人出现的流汗、呼吸加速现象，在日照强烈环境中的人皮肤黝黑是为了更好地防御紫外线，等等。

关于支配原理[161,162]，在安全系统中同样适用，如工作人员听从上级指令支配，形成相似的操作动作，人的潜意识的避险需求，使人员在工作过程中会相似地选择更无害的方式工作。安全系统内存在多层次的复杂的系统特性，每个系统特性受一个或多个规律或原理支配。当支配的规律具有相似性时，形成的系统特性也具有相似性。可以认为，安全系统的相似必然在本质上存在联系。因此有安全相似系统支配原理命题。

原理4：安全相似系统支配原理。

安全预设：安全系统。

安全概念：支配规律，相似性。

安全命题：支配安全系统特性本质规律存在共同性时，则在安全系统间形成相似特性。

由安全命题，可做如下推论：

推论1：安全系统间的相似程度大小与支配安全系统本质规律共同性的大小相关联。支配系统的规律越接近，系统相似性越大。

推论2：相似的性质随支配安全系统的规律变化而异。

推论3：安全系统的相似性或差异性大小与方法转换和推广应用可行性相关联。

安全系统的特性是有层次的，因此，认为支配规律也具有层次，那么，支配安全系统特性的本质规律是什么？笔者认为，是人对于安全的需求。由安全需求衍生出了安全意识、安全文化、安全观念。其实，安全系统就是人们用于满足安全需求的产物。

另外，值得注意的是，安全系统局部和谐原理、安全系统信息原理、安全系统共适性原理及安全系统支配原理的安全概念中都有安全系统这一概念，这从中验证了安全相似系统学以安全系统为研究对象的观点，也证明了安全系统作为安全预设的正确性。

安全系统有序结构或相似性的出现，一般是由多个要素共同作用的结果，因此，相似性形成及演变的过程并不是受单一因素的影响，而是一个多因素的复合作用。从安全系统相似性演变的共适性原理来看，相似性的演变是一个复杂的过程，也就是说，一种相似特性并不是只受一种规律或原理的支配，即一种相似特性通常可由多个原理来解释或支配。从该角度来讲，关于安全系统的几个原理，它们有着既独立又相互关联的内在联系。

第5章

安全相似系统学研究的方法论

    学科研究的方法论[163,164]是以解决学科问题为目标，对某学科所使用的主要方法、规则和基本原理或是对某一特定领域相关探索的原则与程序的分析。古语云："授之以鱼，不如授之以渔"，意思是传授人已有知识不如传授其学习知识的方法。同时，也说明了方法论在学习中的重要性。安全相似系统学作为一门全新的学科，理论基础、实践研究、学科发展方向或相关学科建设等，均存在大量的空白。如何发展、深化学科，是安全相似系统学方法论需解决的问题。本章在安全相似系统学创建的基础上，从方法论的角度对安全相似系统学进行探究，以期更好地引导学科研究工作的开展。

5.1　方法论

    方法论通过一系列具体的方法进行分析研究、系统总结并最终提出较为一般性的原则，是适用于具体学科并起指导作用的范畴、原则、理论、方法和手段的总和。在我国，安全领域相关的方法论研究成果并不多，吴超等通过《安全科学方法学》《比较安全学的方法论研究》《安全科学原理研究的方法论》等论著对安全科学相关学科分支的研究方法论进行了探讨，为后续安全学科的完善提供思维和方法基础。

    安全相似系统学是以人的身心安全健康为着眼点，围绕系统内部和系统之间的相似特征，研究相似系统的结构、功能、演化、协同和控制等的一般规律，进而对系统安全开展相似分析、相似评价、相似设计、相似创造、相似管理等活动，寻求实践安全效果最优化的学科。基于安全相似系统学的基础研究，可对安全相似系统学方法论作出概念性解释：安全相似系统学方法论是用于指导安全相似系统学的一般理论取向，研究安全相似系统方法的基本逻辑、规则，对系统方法作出规范、策略及方法的高度概括。

与具体的方法相比，安全相似系统学方法论有如下特点：

（1）系统性。由于安全相似系统方法是以诸多理论方法及层次思路组成的系统，它强调了从系统分析到系统优化到应用实践整个研究过程的完整性与系统性，每个步骤环环相扣。因此，安全相似系统方法论必须整体性考虑问题。

（2）严谨性。由客观事实出发，实事求是，以发展的思维进行研究，并用实践作为检验的唯一标准是唯物辩证思想的精髓。严谨的安全相似系统的研究，就是要以之为方法论的基点开展进一步的扩展建设。

（3）可重复验证性。安全相似系统方法论注重现实、数据或经验的基础作用，安全系统的分析，相似元辨识与相似度的计算等均以科学的，客观的数据为前提。

对于安全相似系统学方法论的研究不同于对应用实践具体方法的分析研究，它是高于技术层次的，指引具体学科理论发展的更高层次的研究。结合现代系统科学及一般系统学的理论观点，将可安全相似系统学的研究层次划分为纵向的四个层次，从下至上分别是技术层次、学科层次、方法论层次及哲学层次，而方法论是仅次于哲学层次的兼具逻辑指引功能的第二层次，参见图5-1。

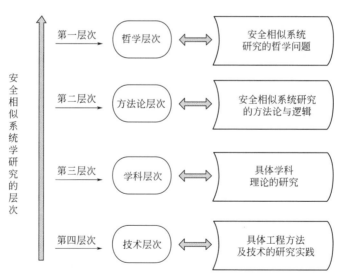

图5-1 安全相似系统学方法论所属层次分析

在前面讲解中，已经对安全相似系统学横向的研究内容及纵向研究层次进行了分析，结合一般系统方法论，可将安全相似系统学的研究进行领域的拓展和划分，形成安全系统学研究的综合层次框架，并从中可以进一步论述安全相似系统学研究方法论在整个学科发展中的重要作用，参见图5-2。

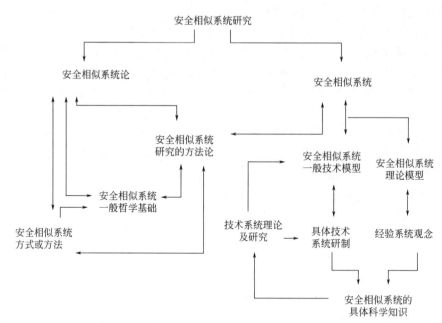

图 5-2   安全系统学研究层次拓展图

如图 5-2，把安全相似系统科学及技术的系统问题及研究的全部作为研究的出发点，称为安全相似系统研究。单向箭头表达的是将安全相似系统研究分为两个更局部的领域，双向箭头表示的是不同领域之间的相互联系，相互作用。

该层次框架的建立依据了两个原则：①将系统研究的"实在的"工程技术实践和对其所做的理论认识同对该领域研究的理论"思考区"划分开；②较为完整地表达了方法论与技术理论研究的关系层次。

辩证唯物思想是客观认识世界的一种方法论，也是安全相似系统学及其他学科的研究中最基本的原则。它强调的是"唯物"与"辩证"这两大要素。"唯物"，即认为事故的发生并不是无来由的突发事件，而是系统客观存在着的危险因素或不安全行为作为事故发生的风险，并存在让该风险增加，扩大并造成危害的客观条件，如有毒有害物质、高温高压的环境等。"辩证"即认为安全系统中因素的变化与运动，强调整体与个别的关系，这与系统的思想是不谋而合的。

因此，在从事安全相似系统的分析、构建、决策、管理等研究时，需以辩证唯物主义为科学的方法论原则。与安全系统工程技术的研究方法论不同的是，安全系统学是对安全系统（或系统安全）工程技术在方法、理论、规律的总结概括、延展与升华，所以，在遵循辩证唯物这一大原则的前提下，还应遵循以下一般方法论原则。

（1）整体性原则。指的是在对安全相似系统进行研究时，要全面系统地考察安全系统所涉及的一切因素，并进行综合整体的把握。即在安全系统的研究中，需要将分散的，看似独立的系统因素从整体的角度加以考虑，充分了解其分散的个体与系统整体间的关联以及个体对系统的作用。同时，由于安全系统不仅仅包括物质的机械、设备，还包含了人的因素以及社会因素（政策，文化等），因此，整体性原则的实现也包含了对于这些外界因素的充分考虑。

（2）相关性原则。任何事物都不是孤立的存在，事故的发生不是凭空的出现，安全系统中任何要素也不是绝对独立的，要素之间以及要素与整体间都存在着相互联系与影响。故在对安全相似系统进行分析研究中，必须要以联系的观点，统筹所有的因素与相关方面。

（3）动态性原则。时间动态性是安全系统及安全相似系统的一大特性，关于安全系统的动态时间特性在 3.2.3 已有论述。正是由于系统的时间动态性，若安全系统在时间上存在相似性时，便形成时间安全相似系统。因此，对于安全相似系统的方法论研究，必然不能忽略在时间维度上所带来的动态变化。这一变化包括，可预见的与不可预见的政策性变化、技术性的提高、人的因素的自身安全文化及安全素质水平的提升等所带来的安全效果的整体改变。

5.2 相似元

5.2.1 相似元定性分析

任何安全系统都是由不同的要素或子系统组成的，不同的安全系统中的组成要素可能不同。当不同安全系统中存在某些相似要素的时候，便在系统之间形成可相似的单元，称为相似元。如，安全系统 A 中的要素 a_i 与系统 B 中的要素 b_j 为对应的相似元素时，记为 $u_{ij}(a_i, b_j)$，简记为 u。不同的 u 其属性和特征不同。系统中存在一个相似元素，便构成一个相似元 u_1，安全系统间存在 n 个相似要素，便形成 n 个相似元，记为 U，如式(5-1)。

$$U = \{u_1, u_2, u_3, \cdots, u_n\} \tag{5-1}$$

相似元描述的是安全系统间对应的相似要素，由于系统内包含了多层次的子系统，因此，相似元实际上反映的是安全系统间对应的子系统的相似。安全系统与子系统分属不同的层次，子系统自身也包含多层的微系统，因而，相似元也出现层次性。对于安全系统相似元的辨析与构造，主要依赖两个条件，参见表 5-1。

表 5-1 安全系统相似元构造条件及举例

条 件	解 释	举 例
安全系统间的对应要素	要素以一定的结构和功能构成系统。是否是对应的要素主要是根据要素特性来辨析的。例如,功能、规模、行为等	安全评价系统中的同类的评价因素(指标)。例如,石化公司油品储罐区安全评价内的安全意识、消防设施、腐蚀、检尺、调和作业等

续表

条　件	解　释	举　例
对应要素的特性存在相似性	对应的要素构成相似要素,通过对安全系统要素及其特性进行分析。由于系统要素的多样复杂性,对安全系统要素的区分、要素特性的分析是一件复杂的事情,目前的科学水平,多从数值度量角度切入,将相似元初步分为经典相似元,可拓相似元及模糊相似元	所谓的经典相似元、可拓相似元及模糊相似元是以相似元的数值类型来划分的。对于相似元的特性分析,主要从几何特征、物理特征(时间相似,演化相似,环境相似)、组分特征这几部分进行条理研究

　　不管是安全系统间的对应要素或是对应要素的相似程度,应做的是对所研究的安全系统的结构或子系统进行细化分解。通过不断进行系统细化,将安全系统分解至研究所需的层次。对于安全系统的划分,根据不同的研究目的会不同的系统划分思路。比较传统的分解方法如：人、机、环、管、等,也可按照功能分解,结构分解等划分。一般的,安全相似系统分析研究可以从安全系统本身的复杂性出发,从人、物、环境、管理子系统深入分析安全相似系统间的相似性。其基本分解思路可以简单描述为："安全系统-子系统-要素-相似元"。参见图 5-3。

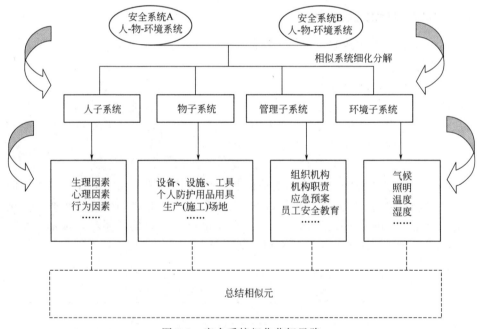

图 5-3　安全系统细化分解思路

　　图 5-3 提供了一种对于安全系统分解的方法及思路,对于安全系统的细化分解应具体问题具体分析。在此,我们以道路交通事故系统为例,对相似的道路交

通事故系统进行分解,并进行相似元辨析。

在道路交通事故中,车辆越过中心线或隔离设施与对向行驶车辆发生碰撞是常见的交通事故。表 5-2 是 2013～2016 年多起相似的相向行驶车辆碰撞事故统计。

表 5-2 相似的相向行驶车辆碰撞事故举例

案例编号	时间	地点	案例简述	损 失
1#	2014.8.4	国道平直路段	重型厢式货车驶入对向车道,与轻型厢式货车发生碰撞	3 人死亡
2#	2015.5.2	省道平直路段	小型客车跨越中心线,与对行货车正面相撞	10 人死亡,3 人重伤
3#	2014.8.9	国道下坡路段	小型客车跨越中心线、非法占道,与相向行驶的大型客车相撞	44 人死亡,11 人受伤,直接经济损失约 3900 万元
4#	2013.3.17	国道与省道交叉口	重型货车失控越过中心分道线与重型牵引车碰刮,与相对行驶的摩托车碰撞	3 人死亡,直接经济损失约 200 万元
5#	2014.1.9	国道平直路段	小型轿车超越摩托车时,驶入公路左侧,与相向驶来的中型客车相撞	4 人死亡,9 人轻伤,直接经济损失约 140 万元
6#	2014.4.9	县道平直路段	小型轿车跨越中心线超车逆行,与对向行驶的大型客车相撞	3 人死亡,1 人轻伤
7#	2016.6.3	省道	重型货车违法越过公路中心黄虚线超车,与相向行驶的客车相撞	22 人死亡,3 人受伤

每个案例是一个事故系统。相似的案例之间构成负安全相似系统。一般的,交通事故的发生是由人、车、路及环境共同作用的结果,各因素间表现出明显的影响和被影响的层次性关系[165]。根据图 5-3 安全系统的细化分解思路,可以将行驶车辆碰撞安全系统的细化分解为人子系统、车子系统与环境子系统,其中环境子系统包括事故发生时的照明、温度、气候以及道路状况。由于车辆事故中,道路状况的路标线、安全标志、道路车辆状况、车流量在相似车辆事故中占有重要作用,因此,在对行驶车辆碰撞安全系统细化分解中,将道路状况从环境子系统中分离,作为单独的子系统进行分析,并在此基础上,进一步细化分解相似元素,参见图 5-4。

由图 5-4 可知,相似交通碰撞事故系统由四个子系统组成,即人子系统、车子系统、路子系统与环境子系统。每个子系统又可以进一步确定内部元素。人子系统包括人的心理状况、生理状况、驾驶经历与操作,等等;车子系统包括车

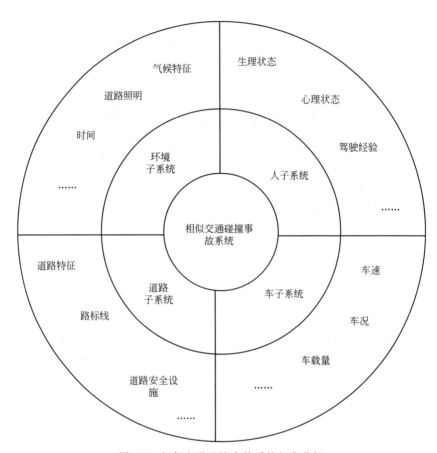

图 5-4　相似交通碰撞事故系统细化分解

速、车况、车载量，等；道路子系统包括路况特征、路标线、道路安全设施，等等；环境子系统包括发生时间、天气状况、照明情况，等等。

　　因此，相似交通碰撞事故系统的指标 F 可以总结为：人子系统 S_1（生理状态 X_{11}、心理状态 X_{12}、驾驶经验 X_{13}），车子系统 S_2（车速 X_{21}、车载量 X_{22}、车况 X_{23}），道路子系统 S_3（路况特征 X_{31}、路标线 X_{32}、道路安全设施 X_{33}），环境子系统 S_4（发生时间 X_{41}、天气状况 X_{42}、照明情况 X_{43}），公式为：

$$F = (X_{11}, X_{12}, X_{13}, X_{21}, X_{22}, X_{23}, X_{31}, X_{32}, X_{33}, X_{41}, X_{42}, X_{43}) \quad (5\text{-}2)$$

　　相似交通碰撞事故系统与其子系统间以及各子系统间都是相互影响、相互联系的。如环境条件不佳（雨天）可能会影响驾驶员的心情，进一步影响驾驶员对行车的判断，一定程度上会增大交通事故的可能性。交通事故的发生，可能是由一个子系统的缺陷诱发的，也可能是由几个子系统共同失效作用的后果。如环境子系统、车子系统、路子系统均处于正常状态，而人子系统失效（驾驶人疲劳驾驶、驾驶人醉酒驾驶等），也会诱发交通事故。

　　在确认系统指标的基础上，通过事故调查报告，对上述相似事故的指标及其特征进行定性描述，参见表 5-3。

表 5-3　相似事故的指标特征描述

案例编号	事故车辆	人子系统 S_1			车子系统 S_2			道路子系统 S_3			环境子系统 S_4		
		X_{11}	X_{12}	X_{13}	X_{21}	X_{22}	X_{23}	X_{31}	X_{32}	X_{33}	X_{41}	X_{42}	X_{43}
1#	重型货车	疲劳	良好	良好	良好	超载	制动不符标准	柏油平直	齐全	齐全	3时	—	有路灯；视线不好
	轻型货车	良好	良好	良好	良好	超载	制动存在隐患						
2#	小型客车	疲劳	良好	良好	良好	超载	右制动轮故障	沥青平直	标线模糊	不齐全	1时	阴	有路灯；能见度低
	货车	良好	良好	非法运营	良好	良好	良好						
3#	重型货车	良好	良好	经常违章	良好	严重超载	刹车失效	水泥混凝土交叉口	齐全	齐全	13时	晴	视线良好
	重型牵引车	良好	良好	良好	良好	良好	良好						
	摩托车	良好	良好	良好	良好	良好	良好						
	电动车	良好	良好	良好	良好	良好	良好						
4#	小型客车	良好	良好	违章	超速	良好	良好制动	混凝土下坡	齐全	齐全	14时	晴转多云	视线良好
	大型客车	良好	良好	良好	超速	良好	轮故障						
5#	小型轿车	醉驾	低落	违章	超速	良好	良好	柏油平直	齐全	齐全	16时	晴	视线良好
	中型客车	良好	良好	良好	良好	良好	良好						
6#	小型轿车	良好	良好	技术生疏，违章	超速	良好	良好	柏油平直	齐全	齐全	19时	晴	无照明，视线不好
	大型客车	良好	良好	良好	超速	良好	良好						
7#	货车	良好	良好	违章	良好	良好	良好	柏油平直路面	齐全	齐全	6时	晴	视线一般
	客车	良好	良好	良好	良好	超载	良好						

　　分析表 5-3 中的指标，可以发现，指标 X_{11}，X_{12}，X_{13}，X_{21}，X_{22}，X_{23}，X_{31}，X_{32}，X_{33}，X_{42}，X_{43} 对事故的发生有着直接的影响关系，而指标 X_{41}

（案发时间）对于事故发生的影响，与人的疲劳驾驶有关，如案例1♯和案例2♯中的事故发生时间是凌晨，正是人在一天中最疲惫，警觉性最低的时刻，极易导致交通事故发生。因此，通过上述分析，可以将相似交通碰撞事故系统的相似元总结为：

U＝（生理状态 u_1、心理状态 u_2、驾驶经验及驾驶知识 u_3、车速状况 u_4、车载量 u_5、车况 u_6、路况特征 u_7、路标线 u_8、道路安全设施 u_9、天气状况 u_{10}、照明情况 u_{11}）

5.2.2　相似元定量描述

定性分析主要凭分析者的直觉、经验，凭借分析对象过去和现在的延续状况及最新的信息资料，对分析对象的性质、特点、发展变化规律作出判断的方法。它是用文字对研究对象进行描述。而定量分析是依据统计数据，建立数学模型，并用数学模型计算出分析对象的各项指标及其数值的一种方法，它通过数学语言，使定性更加科学、准确。将相似元特性进行定量化描述，是使系统各项相似元特性变得直观、具象的基础。通过对定性指标的定量化[166]描述，进行从定性到定量的转化，为接下来相似度的计算奠定基础。

在前面讲解中，我们将相似按照相似特性的精确与模糊性，初步划分为经典相似和模糊相似。当相似特性可用经典数学来描述时，相似特性称为经典相似；当相似特性无法用经典数学来描述时，如"优，良，中，差"、"好，较好，一般"等诸如此类的定性度量用语，它们属于客观事物差异的中间过渡的不分明性。这时，一般的可用模糊数学[167-169]工具来对这些难以划定明确的界限的属性进行描述。赋存于相似系统内的诸多相似元，有些相似元可用经典数学进行描述，例如时间、体积、长度、质量、容积、数量等；但是由于安全系统的自身以及安全系统的主要参与者"人"的复杂性，使得相似系统内存的更多的指标、特性，都难以简单地用经典数学来衡量，如人的身体状态、操作经验、良好的操作习惯、心理状态、部门间的合作程度，等等。因此，模糊数学工具是相似元定量化的描述的重要手段。

模糊数学由美国控制论专家 L. A. 扎德（L. A. Zadeh）教授所创立。他于1965年发表了题为《模糊集合论》（Fuzzy Sets）的论文，从而宣告模糊数学的诞生。

5.2.2.1　模糊集和隶属函数

论域：论及到的对象全体构成的集合，记为 U。

定义 1　设 U 为一论域，如果给定了映射式(5-3)、式(5-4)：

$$\mu_A: U \to [0,1] \tag{5-3}$$

$$x \to \mu_A(x) \in [0,1] \qquad (5\text{-}4)$$

则该映射确定了一个模糊集合 A，其映射 μ_A 称为模糊集 A 的隶属函数，μ_A 称为 x 对模糊集 A 的隶属度。所谓论域 U 上的模糊集 A 是指：对 $\forall x \in U$，总以某个程度 $\mu_A(x)$ 属于 A，而非 $x \in A$，或 $x \notin A$，而使 $\mu_A(x) = 0.5$ 的点 x 称为模糊集 A 的过渡点，即是模糊性最大点。对一个确定的论域 U 可以有多个不同的模糊集合。

模糊数学的基本思想是隶属程度的思想。隶属函数的确定方法主要包括模糊统计方法、指派方法及专家给定法。

（1）模糊统计方法。模糊统计方法是一种客观方法，主要是基于模糊统计试验的基础上根据隶属度的客观存在性来确定的。模糊统计试验包含下面四个基本要素：

① 论域 U；

② U 中的一个固定元素 x_0；

③ U 中包含一个随机变动的集合 A^*（A^* 为普通集）；

④ U 中的一个以 A^* 作为弹性边界的模糊集 A，对 A^* 的变动起着制约作用，其中 $x_0 \in A^*$，或 $x \notin A^*$，致使 x_0 对 A 的隶属关系是不确定的。

假设作 n 次模糊统计试验，可以算出式(5-5)：

$$x_0 \text{ 对 } A \text{ 的隶属频率} = \frac{x_0 \in A^* \text{ 的次数}}{n} \qquad (5\text{-}5)$$

随着 n 不断增大时，隶属频率趋于稳定，其稳定值称为 x_0 对 A 的隶属度，式(5-6)，即

$$\mu_A(x_0) = \lim_{n \to \infty} \left(\frac{x_0 \in A^* \text{ 的次数}}{n} \right) \qquad (5\text{-}6)$$

（2）指派方法。指派方法是一种主观的方法，它主要是依据人们的实践经验来确定某些模糊集隶属函数的方法。如果模糊集定义在实数集 R 上，则称模糊集的隶属函数为模糊分布。所谓的指派方法就是根据问题的性质和经验主观地选用某些形式的模糊分布，再依据实际测量数据确定其中所包含的参数。

（3）专家给定。现实生活中经常遇到排序问题，这实际上就是确定隶属函数。常用的一种方法就是专家打分[170-172]。例如体操比赛中的鞍马项目。假设由 10 人组成裁判组，评分方法是：评判时按满分 10 分打分，去掉最高分、最低分，另外 8 人打分求和，再除 8 取平均分。作为比赛，当然是排序，确定谁是第一，谁是第二等。换一种考虑方式，这样的问题实质上就是确定模糊集合的隶属函数。以全体参赛运动员为论域 U。"动作最完美的人"是 U 上的一个模糊集合 A。每名运动员的得分都在 0 和 1 之间，得分可以理解为该名运动员属于动作最完美的人的程度。

许多问题与此类似，问题是要确定隶属函数，本质要求是排序。因此排序就

是确定隶属函数的一种方法。

5.2.2.2　区间直接模糊集

模糊数学为我们提供了一条将定性相似元进行定量化描述的方法。随着研究的不断深入，模糊数学不断产生新的分支和方法。这里，我们介绍一种更加接近客观实际情况的定性指标值的获取方法——区间直接模糊集（Iinterval-Valued Intuitionistic Fuzzy Set）[173-178]。

定义　对于非空给定论域 X，任意 $x \in X$，集合 A，式(5-1)

$$A = \{<x, u_A(x), v_A(x)> \mid x \in X\} \tag{5-7}$$

有 $u_A(x) = [u_A(x)^L, u_A(x)^U]$、$v_A(x) = [v_A(x)^L, v_A(x)^U]$ 均属于区间 $[0, 1]$，并有式(5-8)：

$$u_A(x)^U + v_A(x)^U \leqslant 1, x \in X \tag{5-8}$$

又表示为式(5-9)：

$$A = \{<x, [u_A^L(x), u_A(x)^U], [v_A^L(x), v_A(x)^U]> \mid x \in X\} \tag{5-9}$$

简洁表示为式(5-10)：

$$A = ([u_A^L(x), u_A^U(x)], [v_A^L(x), v_A^U(x)]) \tag{5-10}$$

迟疑度函数 $\pi_A(x)$ 为式(5-11)：

$$\pi_A(x) = [1 - u_A^U(x) - v_A^U(x), 1 - u_A^L(x) - v_A^L(x)], x \in X \tag{5-11}$$

徐泽水将区间值直觉模糊集表示为式(5-12)：

$$A = [(a, b), (c, d)] \tag{5-12}$$

其中 $[a, b] \subset [0, 1]$，$[c, d] \subset [0, 1]$，$b + d \leqslant 1$。

相对于传统模糊数中隶属度有时难以用精确数值表示的缺陷，区间值直觉模糊集，增加了对无法获得精确数值描述对象表述的准确性，通过给定定性属性的所属区间和迟疑区间，很好地描述了对象可能属于某一范围的可能性和其属于此范围的迟疑程度，增加了客观性及工程应用的便利性。通过隶属度、非隶属度及犹豫度，对定性相似元有了更加全面具象的描述。

设 $A = ([a_1, b_1], [c_1, d_1])$ 和 $B = ([a_2, b_2], [c_2, d_2])$ 是任意两个区间值直觉模糊数，则有如下的运算关系[92]。

(1) 区间值直觉模糊集包含关系　当且仅当 $A \subseteq B$ 时，有式(5-13)

$$a_1 \leqslant a_2, b_1 \leqslant b_2, c_1 \geqslant c_2, d_1 \geqslant d_2 \tag{5-13}$$

(2) 区间值直觉模糊集相等关系　当且仅当 $A = B$ 时，有式(5-14)

$$a_1 = a_2, b_1 = b_2, c_1 = c_2, d_1 = d_2 \tag{5-14}$$

(3) 区间值直觉模糊集的交，式(5-15)

$$A \cap B = ([\min(a_1, a_2), \min(b_1, b_2)], [\max(c_1, c_2), \max(d_1, d_2)]) \tag{5-15}$$

(4) 区间值直觉模糊集的并，如式(5-16)

$$A \cup B = ([\max(a_1, a_2), \max(b_1, b_2)], [\min(c_1, c_2), \min(d_1, d_2)]) \tag{5-16}$$

（5）区间值直觉模糊集的补，如式（5-17）

$$A^c = [(b_1, b_2), (a_1, a_2)] \tag{5-17}$$

（6）区间值直觉模糊集的和，如式（5-18）

$$A + B = ([a_1 + a_2 - a_1 a_2, b_1 + b_2 - b_1 b_2][c_1 c_2, d_1 d_2]) \tag{5-18}$$

（7）区间值直觉模糊集的积，如式（5-19）

$$A \cdot B = ([a_1 a_2, b_1 b_2], [c_1 + c_2 - c_1 c_2, d_1 + d_2 - d_1 d_2]) \tag{5-19}$$

（8）区间值直觉模糊集与数的乘积，如式（5-20）

$$kA_1 = ([1 - (1 - a_1)^k, 1 - (1 - b_1)^k], [c_1^k, d_1^k]), \quad k > 0 \tag{5-20}$$

（9）区间值直觉模糊集的乘方，如式（5-21）

$$A_1^k = ([a_1^k, b_1^k], [1 - (1 - c_1)^k, 1 - (1 - d_1)^k]), \quad k > 0 \tag{5-21}$$

运用区间值直觉模糊集对表 5-3 中的案例进行定量化描述。在本次交通事故的案例分析中，由于在事故中存在至少两组及更多的人子系统 S_1 和车子系统 S_2，那么，在对于不同的肇事方应综合考虑其状态参数，以状态较差的一方为参考方。例如，驾驶员甲因为醉酒导致与驾驶员乙的交通事故，就应在生理状态中以"醉酒"来定性。通过可以较大幅度降低主观随意性的区间值直觉模糊数为定量化描述的工具，对安全系统特征进行定量化。参见表 5-4。

表 5-4 相似元特征值定量化描述

编号	相似元定量特征值					
1#	u_1 ([0.1,0.2], [0.1,0.3])	u_2 ([0.6,0.8], [0.2,0.5])	u_3 ([0.7,0.9], [0.1,0.4])	u_4 ([0.6,0.7], [0.1,0.3])	u_5 ([0.2,0.4], [0.1,0.3])	u_6 ([0.2,0.4], [0.1,0.2])
	u_7 ([0.7,0.8], [0.1,0.3])	u_8 ([0.7,0.9], [0.1,0.2])	u_9 ([0.8,0.9], [0.1,0.2])	u_{10} ([0.4,0.6], [0.2,0.5])	u_{11} ([0.2,0.4], [0.1,0.2])	
2#	u_1 ([0.1,0.3], [0.1,0.4])	u_2 ([0.5,0.8], [0.1,0.4])	u_3 ([0.2,0.4], [0.2,0.3])	u_4 ([0.6,0.8], [0.1,0.4])	u_5 ([0.1,0.2], [0.1,0.2])	u_6 ([0.2,0.4], [0.2,0.4])
	u_7 ([0.7,0.8], [0.2,0.4])	u_8 ([0.4,0.6], [0.3,0.5])	u_9 ([0.2,0.5], [0.3,0.6])	u_{10} ([0.4,0.5], [0.3,0.5])	u_{11} ([0.2,0.4], [0.1,0.3])	
3#	u_1 ([0.5,0.8], [0.2,0.3])	u_2 ([0.5,0.7], [0.2,0.4])	u_3 ([0.1,0.3], [0.2,0.3])	u_4 ([0.5,0.8], [0.2,0.4])	u_5 ([0.1,0.2], [0.1,0.2])	u_6 ([0.1,0.3], [0.1,0.2])
	u_7 ([0.6,0.8], [0.2,0.3])	u_8 ([0.6,0.9], [0.2,0.4])	u_9 ([0.7,0.9], [0.2,0.3])	u_{10} ([0.7,0.9], [0.2,0.5])	u_{11} ([0.8,0.9], [0.2,0.4])	

续表

编号	相似元定量特征值					
4#	u_1 ([0.6,0.8], [0.2,0.5])	u_2 ([0.6,0.8], [0.2,0.3])	u_3 ([0.1,0.3], [0.2,0.3])	u_4 ([0.1,0.3], [0.2,0.3])	u_5 ([0.5,0.8], [0.2,0.5])	u_6 ([0.1,0.3], [0.1,0.3])
	u_7 ([0.7,0.9], [0.2,0.4])	u_8 ([0.5,0.8], [0.1,0.4])	u_9 ([0.7,0.9], [0.2,0.4])	u_{10} ([0.6,0.9], [0.2,0.4])	u_{11} ([0.6,0.8], [0.2,0.4])	
5#	u_1 ([0.2,0.5], [0.1,0.4])	u_2 ([0.3,0.6], [0.3,0.7])	u_3 ([0.1,0.3], [0.2,0.3])	u_4 ([0.1,0.3], [0.2,0.4])	u_5 ([0.6,0.8], [0.2,0.3])	u_6 ([0.6,0.8], [0.1,0.3])
	u_7 ([0.6,0.8], [0.2,0.3])	u_8 ([0.7,0.9], [0.1,0.5])	u_9 ([0.6,0.8], [0.2,0.6])	u_{10} ([0.6,0.8], [0.2,0.3])	u_{11} ([0.7,0.8], [0.2,0.4])	
6#	u_1 ([0.5,0.7], [0.1,0.4])	u_2 ([0.6,0.8], [0.2,0.4])	u_3 ([0.3,0.6], [0.2,0.5])	u_4 ([0.1,0.3], [0.2,0.4])	u_5 ([0.6,0.9], [0.2,0.4])	u_6 ([0.6,0.8], [0.1,0.3])
	u_7 ([0.6,0.8], [0.1,0.3])	u_8 ([0.7,0.8], [0.1,0.3])	u_9 ([0.6,0.9], [0.2,0.4])	u_{10} ([0.4,0.6], [0.2,0.5])	u_{11} ([0.3,0.6], [0.2,0.6])	
7#	u_1 ([0.5,0.8], [0.2,0.3])	u_2 ([0.5,0.8], [0.2,0.3])	u_3 ([0.2,0.4], [0.1,0.3])	u_4 ([0.5,0.8], [0.2,0.4])	u_5 ([0.2,0.4], [0.2,0.5])	u_6 ([0.6,0.8], [0.2,0.3])
	u_7 ([0.6,0.8], [0.2,0.5])	u_8 ([0.6,0.8], [0.2,0.3])	u_9 ([0.6,0.8], [0.2,0.3])	u_{10} ([0.6,0.8], [0.2,0.3])	u_{11} ([0.2,0.4], [0.3,0.6])	

5.3 相似度

安全系统间的相似性以相似度作为衡量标准，相似度的大小反映了安全系统之间的相似程度。由于相似系统的相似度是在要素及特性一定的条件下换算来的。而相似度的值是安全相似系统间相似要素的数量、相似元数值的大小和每个相似元对相似度影响的权重因素的函数。

由于相似元是具有层次性的，那么对于相似度的计算也应具有层次性，如元素之间的相似度，子系统与子系统之间的相似度，系统与系统之间的相似度，子系统与系统之间的自相似度等。下面，将安全系统不同层次的相似度进行意义对照分析，计算。

（1）安全系统中对应相似特征的相似度与互为相似特征中较小的特征值呈正比，与较大的特征值成反比，如式（5-22）。

$$S_j = \frac{\min(U_j(A), U_j(B))}{\max(U_j(A), U_j(B))} \tag{5-22}$$

其中，S_j 为特征 j 的相似度 $0 \leqslant S_j \leqslant 1$；$U_j(A)$，$U_j(B)$，分别是安全系统 A 与安全系统 B 关于特征 j 的特征值，$0 \leqslant U_j(A) \leqslant 1$，$0 \leqslant U_j(B) \leqslant 1$，且 $U_j(A)$，$U_j(B)$ 不同时为零。当 $S_j = 1$ 时，说明两特性相同；当 $S_j = 0$ 时，说明两特性相异，S_j 的大小表明特性间相似程度的大小。

本质上，安全系统或子系统之间的特性相似度是不同层次上的安全系统间特性相似度。a_i 和 b_i 分别是安全系统 A 和安全系统 B 之间的第 i 个子系统，$U_j(a_i)$ 和 $U_j(b_i)$ 是其子系统特征值，同样的，根据式(5-3) 可计算出子系统 a_i 和 b_i 对应的特征相似度 S_{ij}，如式(5-23)。

$$S_{ij} = \frac{\min(U_j(a_i), U_j(b_i))}{\max(U_j(a_i), U_j(b_i))} \tag{5-23}$$

当相似特征为定量特征时，其特征值可通过测量定量属性来确定；当相似特征为定性特征或模糊特征时，特征值可通过上文所提到的专家打分、模糊数等方式来给予定量赋值。

（2）主安全系统与其子系统的自相似程度与两者中较小的特征值呈正比，与较大的特征值呈反比。

设 $U_j(A)$，$U_j(a_i)$ 分别是安全系统 A 第 j 个特征与其子系统 a_i 对应特征的特征值，则主安全系统 A 与其子系统 a_i 的相似度 $S_{ij_{self}}$ 可用式(5-24) 表达：

$$S_{ij_{self}} = \frac{\min(U_j(A), U_j(a_i))}{\max(U_j(A), U_j(a_i))} \tag{5-24}$$

其中，$0 \leqslant S_{ij_{self}} \leqslant 1$，$S_{ij_{self}}$ 的大小反映的是主安全系统与子系统间的相似程度大小。

（3）子系统之间的相似度与安全系统之间的相似特征数量（相似元数量）及特征相似度呈正比，与安全系统间共有的不重复的特征数量呈反比。

设安全系统 A 和安全系统 B 中子系统 a_i 和子系统 b_i 特征相似，那么子系统 a_i 和子系统 b_i 构成相似元 u_i，子系统 a_i 和子系统 b_i 的相似度 $q(u_i)$ 可表示为式(5-25)：

$$q(u_i) = \frac{k}{m+n-k} \sum_{j=1}^{k} w_j s_{ij} \tag{5-25}$$

同样的，$0 \leqslant q(u_i) \leqslant 1$。$m$ 和 n 分别为子系统 a_i 和子系统 b_i 的特征数量，k 为子系统子系统 a_i 和子系统 b_i 的相似特征数量。每一组相似元给相似系统的相似度的影响权重 $W = (w_i)^T$，且

$$q(u_i) = \begin{cases} q=1 & m=n=k \quad s_j=1 \\ 0 \leqslant q \leqslant 1 & m, n, k \text{ 之间不全等，且 } q \neq 1, \text{且 } q \neq 0 \\ q=0 & k=0 \end{cases} \tag{5-26}$$

式(5-25)中，$\dfrac{k}{m+n-k}$ 项表示子系统 a_i 和子系统 b_i 之间相似要素数量 k 的多少对相似度的影响。$w_j s_{ij}$ 表示各相似要素的相似程度及其权重值给予系统相似度的影响。

（4）安全系统间的相似度与系统之间存在的相似子系统的数量及子系统相似度大小呈正比，与系统间共有的不重复的子系统数量呈反比。

设安全系统 A 与安全系统 B 构成安全相似系统，安全系统 A 中有 M 个子系统，安全系统 B 有 N 个子系统，K 为安全系统 A、B 间相似子系统的数量，故构成 K 个相似元，相似元值记为 $q(u_i)$，每一组相似元给相似系统的相似度的影响权重 $W=(w_i)^{\mathrm{T}}$，则相似系统间的相似度 Q 计算如公式(5-27)：

$$Q = \frac{K}{M+N-K} \sum_{j=1}^{K} w_j q(u_i) \tag{5-27}$$

Q 的大小表明安全系统间相似程度大小。并且：

（1）当安全系统间相似子系统数量越多，子系统相似度 $q(u_i)$ 越大，则安全系统间相似度越大。

（2）当 $M=N=K$ 时，$Q=1$，$q(u_i)=1$，说明安全系统 A 与安全系统 B 相同。

（3）$K=0$ 时，$Q=0$，$q(u_i)=0$，安全系统 A 与安全系统 B 相异。

进一步的，当安全系统 A 与安全系统 B 中子系统特征数量相等时，即 $q(u_i)=1$ 时，安全系统 A 和 B 的相似程度可表示为式(5-28)：

$$Q = \frac{K}{M+N-K} \tag{5-28}$$

另外，如果安全系统中子系统数量相同，即 $M=N=K$ 时，安全系统 A 与安全系统 B 的相似程度可表示为式(5-29)：

$$Q = \sum_{j=1}^{K} w_j q(u_i) \tag{5-29}$$

其中，对于 $q(u_i)$ 的定值，可分为定性相似元值与定量相似元值，定量的相似元值可运用客观测量等手段完成。定性相似元的定值过程可依赖于层次分析，区间值直觉模糊数等打分手段进行定量化描述，而该定量过程均以比较为基本思维。对于相似度的计算，权重 W 的客观性也影响着相似度的准确性，定权的方法有层次分析法、模糊数学法、突变模型等。

根据相似度计算公式，可以总结如下：

（1）不同安全系统之间共有的相似元数量越多，安全系统相似度越高。

（2）不同安全系统间对应相似元的相似特征度越高，安全系统越相似。

（3）权重大的相似子系统所含相似元个数越多，相似程度越高。

根据上述相似度计算概述，对表 5-2 中的事故案例 1♯，2♯，3♯ 进行相似度分析。分别计算案例 1♯ 与案例 2♯ 的相似度 Q（1♯，2♯），案例 2♯ 与案例

3♯的相似度 Q（2♯，3♯），案例1♯与案例3♯的相似度 Q（1♯，3♯）。

首先对相似元的权重进行计算。定权运用的是 IFAHP 方法[179-183]，获得的判断矩阵 A。

$$A = \begin{vmatrix} 0.5 & 0.5 & 0.5 & 1 & 1 & 1 & 1 & 1 & 1 & 1 & 1 \\ 0.5 & 0.5 & 0.5 & 1 & 1 & 1 & 1 & 1 & 1 & 1 & 1 \\ 0.5 & 0.5 & 0.5 & 1 & 1 & 1 & 1 & 1 & 1 & 1 & 1 \\ 0 & 0 & 0 & 0.5 & 0.5 & 0.5 & 1 & 1 & 1 & 0.5 & 0.5 \\ 0 & 0 & 0 & 0.5 & 0.5 & 0.5 & 1 & 1 & 1 & 0.5 & 0.5 \\ 0 & 0 & 0 & 0.5 & 0.5 & 0.5 & 1 & 1 & 1 & 0.5 & 0.5 \\ 0 & 0 & 0 & 0 & 0 & 0 & 0.5 & 0.5 & 0.5 & 0 & 0 \\ 0 & 0 & 0 & 0 & 0 & 0 & 0.5 & 0.5 & 0.5 & 0 & 0 \\ 0 & 0 & 0 & 0 & 0 & 0 & 0.5 & 0.5 & 0.5 & 0 & 0 \\ 0 & 0 & 0 & 0.5 & 0.5 & 0.5 & 1 & 1 & 1 & 0.5 & 0.5 \\ 0 & 0 & 0 & 0.5 & 0.5 & 0.5 & 1 & 1 & 1 & 0.5 & 0.5 \end{vmatrix}$$

计算获得相似元权重 W。

$W = (0.125, 0.125, 0.125, 0.084, 0.083, 0.083, 0.0417, 0.0416, 0.0416, 0.125, 0.125)$

以区间值直觉模糊数的相似特征值，运用式(5-30)进行转化，设区间值直觉模糊数 $A = ([a_1, b_1], [c_1, d_1])$ 转化打分函数为：

$$\Delta A = \frac{(a_1 + b_1 - c_1 - d_1)}{2} \tag{5-30}$$

则案例1♯，2♯，3♯的相似特征值参见表5-5。

表 5-5 案例1♯，2♯，3♯的相似特征值

编号	u_1	u_2	u_3	u_4	u_5	u_6	u_7	u_8	u_9	u_{10}	u_{11}
1♯	0.05	0.35	0.55	0.45	0.1	0.15	0.55	0.65	0.7	0.15	0.15
2♯	0.05	0.4	0.05	0.45	0	0	0.45	0.1	0.1	0.05	0.1
3♯	0.4	0.3	0.05	0.35	0	0.05	0.45	0.45	0.55	0.45	0.55

根据式(5-22)，计算对应特征相似度 S_j，见表5-6。

表 5-6 案例1♯，2♯，3♯应特征相似度 S_j

编号	S_1	S_2	S_3	S_4	S_5	S_6	S_7	S_8	S_9	S_{10}	S_{11}
1♯，2♯	1	7/8	1/11	1	0	0	9/11	2/13	1/7	1/3	2/3
1♯，3♯	1/8	6/7	1/11	7/9	0	1/3	9/11	9/13	11/14	1/3	3/11
2♯，3♯	1/8	3/4	1	7/9	1	0		2/9	2/11	1/9	2/11

相似度计算结果如下：

$$Q(1\#,2\#)=0.5011$$
$$Q(1\#,3\#)=0.3987$$
$$Q(2\#,3\#)=0.2677$$

由计算结果可知，案例 1# 与案例 2# 的相似度大于案例 1# 与案例 3# 的相似度，并且大于案例 2# 与案例 3# 的相似度。案例 2# 与案例 3# 的相似度最小。

5.4　系统方法分析

5.4.1　方法统计

安全相似系统学源于安全系统学与相似科学，同理，安全相似系统学的分析方法的来源也主要包括：①源于安全系统学的可用于安全相似系统的分析方法；②源于相似学中可用于安全相似系统的分析方法。下面，对这两类不同出处的可用于安全相似系统的分析方法做分类描述。

5.4.1.1　源于安全系统学的分析方法

安全相似系统学从属于安全系统学，安全相似系统学的根本在于将相似理论用于安全系统研究，因此，安全系统学的研究方法及分析工具，必然可用于安全相似系统研究。下面，对安全系统学的研究方法进行归纳整理，为安全系统方法在安全相似系统学中的应用提供基础。

对安全系统的认识是在解决人类生产及生活中事故、灾难等安全问题的过程中逐步形成的，是自然科学与社会科学的综合交叉领域，因此，对于安全系统的研究方法多种多样，自然科学和社会科学的通用研究方法均适用。综合分析多种方法[184]，并根据方法的思考维度的不同，将现存可用于安全系统的研究方法分为系统整体性研究、系统横断研究、系统分解研究，表 5-7 对三种分析维度包涵的部分方法进行列举分析。

表 5-7　安全系统学研究方法分析

分析维度	涵盖方法例子	方法概述
整体性研究	大数据挖掘	大数据挖掘分析,可全面、深化认识事故、灾难的发生机理及其发展规律,从而为科学预测事故、灾难的发生及其发展趋势,以及制定应急预案和其他安全管理等工作提供支撑
	高精度数值模拟	高精度数值模拟研究,既可再现事故、灾难过程,又可节约研究时间及成本,是全方位、深层次研究事故、灾难的机理和规律必不可少的研究手段之一

续表

分析维度	涵盖方法例子	方法概述
整体性研究	大尺度物理模拟	通过大尺度物理模拟研究,可获取真三维、高相似比的模拟结果,既可丰富对相关事故、灾难认识的实验数据,又可对相关的高精度数值模拟结果进行验证
整体性研究	工程验证试验	针对难以通过缩尺度实验模型进行的模拟验证,在条件许可的情况下,通过工程验证试验对相关防治技术或方法进行有效性验证等,将是本学科研究必将坚持的手段之一
横断研究	层次分析方法	安全系统与普通系统相似,都存在着多层次结构的等级结构。将安全系统问题以层次分析,会使看似复杂的问题条理化,清晰解决问题的思路
横断研究	比较安全研究方法	运用比较思维,通过分析安全系统中彼此有某种联系的不同时空的事、物、环境、人的行为等对照分析,揭示其共同点和差异点,并提供借鉴、渗透、提升的方法。安全比较方法是通过某一层面的切入点,可以将不同的系统进行横向的并列,从整体与横断两个层次实现了安全系统的综合分析
分解研究	安全容量法	安全具有容量属性,以风险承载力度量安全;同时容量具有安全属性,以安全为前提保障容量。基于此,提出系统性的安全即是容量。安全容量由 n 维风险维度所共同决定,以薄弱环节安全容量作为评估中权重最大的一维度
分解研究	子系统研究方法	将复杂繁冗的系统进行分解,划分为多个子系统,会将看似无序的问题简化,清晰了解决问题的思路。对于安全系统,比较传统的分解方法如:人、机、环、管等,也可按照功能分解,结构分解等划分

（1）整体性研究是系统方法的核心,也是系统思想的精髓所在。由于系统的相关性、整体性、导致在对安全系统分析时不能仅仅聚焦于系统的局部某点,这样会丢失在由局部组成的整体在功能上的变化。

（2）横断研究是从系统的某一视角横向切入的研究,如进行系统安全比较研究或相似研究等,可同时研究各安全子系统间或安全学科群的关系。将该思路相较于安全学自身方法,建立的比较安全法、安全相似系统法正是得其精髓。

（3）分解研究,安全系统涵盖范围极广,小至工序的操作程序,大至整个国家的安全体系,因此,将安全系统分解成各类子系统进行研究,是安全系统研究的主要切入点之一。

模型方法是以研究模型来揭示原型的形态、特征和本质的方法,是逻辑方法的一种特有形式。通过舍去次要的细枝末节,非必要的联系,以简化和理想化的方式再现原型的各种复杂结构、功能和联系,是连接理论和应用的桥梁。而安全方法模型就是将安全系统不同的功能模块或目的的具体的技术方法进行条理化,并进行分类,使管理者在实现分析、决策、评等安全系统功能时,有理有序合理地选择方法[185,186]。在安全系统中,可将安全方法划分为七大类,其中的一些模型建立于整个学科的高度，而一些模型只是针对于某些具体问题，具体参见表 5-8。

表 5-8　安全系统方法模型

模型类型	模型描述
构件模型	用于描述系统的组成成分。"人-机-环"系统方法，"人-事-物"方法等
层序模型	概述了能阻止事故发生的事件或活动的原因及顺序，或者用以表示事件或活动诱导事故发生的过程。事故树分析法、鱼刺图分析法等
介入模式	描述能够增加安全介入的媒介模型，机械干预模型、安全教育模型、政策强制模型等
数学模型	基于定量分析，用以数据分析以及结果的评价、评估。粗糙集、模糊数、层次分析法等
过程模型	描述了系统操作及系统活动的关系及过程，事故中一些特定的事件发生的顺序，如事故链模型、能量转化模型等
安全管理模型	确定了系统的组成部分，系统，相互关系，输出；描述了风险可控系统的方式及过程（如安全管理系统风险管理系统）
系统模型	描述了系统的目标、组成、关系及相关性

5.4.1.2　源于相似学的方法

安全系统学自身已有多种用于系统分析评价的方法，而相似学，目前较多的则是专注于在从俯瞰视角分析宇宙、自然界及人的相似性，除了相似元辨识、相似度计算等，在具体技术方法层面成果并不丰富。而当进行事物系统相似特性分析时，首先需要依据事物间的相似性及差异性对比来区分事物，因此，相似分析，必源于比较，因此，比较安全学的理论与方法是安全相似系统学分析方法的另一重要支持。

比较安全学是通过对安全系统中彼此有某种联系的不同时空的事、物、环境、人的行为、社会文化、知识等进行对照，从而揭示它们的共同点和差异点并提供借鉴和相互渗透的一种安全科学方法。安全相似系统中，不管是相似元的确定，定性的相似分析还是定量的相似度的计算，都始于比较，因此，比较安全学正是开启安全相似系统学的金钥匙。为提取不同时间、不同领域的共性安全问题并使之相互借鉴和渗透提供有效的途径。图 5-5 描述了安全相似系统学与安全系统学、比较安全学的内在学科关联。

比较方法（比较法、类比法）是通过对彼此有某种联系的事物进行观察与分析，从而揭示它们的共同点和差异点的一种科学方法，是自然科学或社会科学的研究与认识事物的一种基本方法，其关键是分析并发现、研究系统间的异同，为相互比较、借鉴、移植、融合与升华奠定基础。综合比较安全学与相似学，归纳了比较安全学中可用于安全相似系统学的一些方法，具体参见表 5-9。

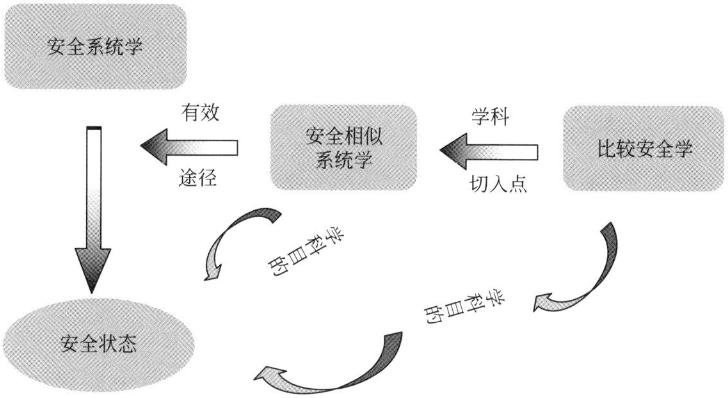

图 5-5　安全相似系统学与安全系统学、比较安全学的内在关联

表 5-9　可用于安全相似系统学研究的比较类方法

具体方法	定　义	注　解
类比方法	又称类推方法,指根据两类对象之间在某些方面的相似或相同而推出在别的方面也可能相似或相同的一种科学方法。类比方法的原理是:如果 A 具有 a、b、c、d 属性,B 具有 a′、b′、c′属性,a′、b′、c′与 a、b、c 相似中相同,那么,B 对象也可能具有 d′属性	类比的类型主要有:简单共存类比、因果类比、对称类比、协变类比、综合类比
对称方法	由已知事物推测未知事物的存在,由事物的已知性质推测事物的未知性质的一种方法	对称是自然界普遍存在的一种现象。分子结构、生物体结构等都存在着对称现象
分类方法	是根据事物的共同点和差异点将事物区分为不同种类的一种科学方法。就安全相似系统而言,分类,也就意味着将相似的系统划分为一类	分类是以比较为基础的。人们通过比较,揭示出事物之间的共同点和差异点,然后在思维中根据共同点将事物集合为较大的类,又根据差异点将较大的类划分为较小的类
归纳法	所谓归纳推理,就是根据一类事物的部分对象具有某种性质,推出这类事物的所有对象都具有这种性质的推理,叫做归纳推理(简称归纳)	归纳是从特殊到一般的过程,它属于合情推理
结构-功能分析法	研究安全问题的逻辑、层次、时空等,从功能角度解释社会安全现象	应用范围广泛,实用性大,但深度和对客观规律的探索不够
统计分析法	对安全研究对象的规模、速度等数量关系的分析研究,认识和揭示关系、规律和趋势,以解释和预测	量化研究方法,可塑性高,具有客观性和有效性,但限制条件多,如资料的可靠性、难以精确统计和量化的因素的存在等

续表

具体方法	定　义	注　解
因素分析法	将安全系统整体分成部分要素,后借助观察、统计等手段,研究各因素及其关系,以认识整体	解决"为什么是这样"的问题,关注因素间相互作用,需注意分清层次、合乎逻辑
假说验证法	以验证假说为中心而创立的一种新的量化分析方法	使比较安全研究更精确、科学,但安全领域存有大量问题无法完全用数量来测定,如研究中的对照试验具可行性和有效性问题

5.4.2　研究方法的获取

一个学科的发展必然离不开其理论体系及方法体系的支撑,安全相似系统学作为安全科学的重要一支,其自身的方法体系还存在大量空白。安全相似系统学是以相似学和安全系统学为基础,并依托于自然科学、工程科学及人文科学,通过其他相关学科相关方法的借鉴与改进应用。依据此思路,构建了安全相似系统方法研究获取的动态模型,参见图 5-6。

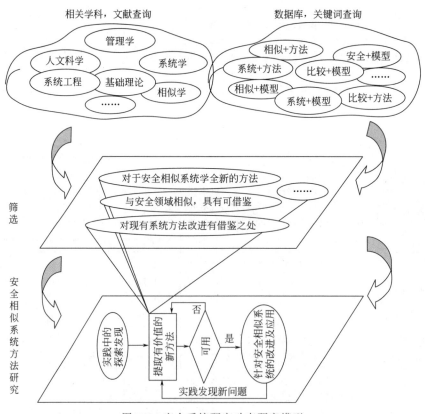

图 5-6　安全系统研究动态研究模型

如图 5-6 所示，该安全相似系统方法动态研究模型涵盖了垂直方向和水平方向上的两条探索路线。首先，分析垂直方向的研究路线。

（1）相关学科、相关领域的资料的查询：相关学科主要包括相似学、系统学、系统工程、管理学学科领域；资料查询方式可通过数据库关键词的查询，例如模型＋方法、安全＋方法、安全＋模型、系统＋方法、系统＋模型、相似＋系统、相似＋模型、相似＋方法等。

（2）筛选，提取有价值的资料方法。包括可能用于安全相似系统学的全新的方法；与安全领域相似的方法但具有可借鉴或更先进之处的方法；对于现有安全系统方法的改进有借鉴之处的方法思路等。

（3）判断，验证能否应用于安全相似系统学。判断及验证思路：运用比较、相似、演绎的思想，分析方法与安全系统自身方法的相似性、差异性，为后续的实践应用奠定基础。

（4）改进及应用。由其他领域借鉴而来的方法一般难以直接运用于安全系统领域，因此，需要根据实际情况作出针对安全系统的改进。

同时，在水平方向上也有一条系统方法的探索路线，即：实践中探索发现-提取有价值的方法-判断-应用与改进。该动态模型之所以包含了横竖两条思路的原因是初始的方法资料来源的不同（分别源于其他学科和实践操作）。

5.5 研究的一般程式

5.5.1 研究历程

学科的研究历程是确定学科如何发展，怎样发展的基础。综合考究安全相似系统学的基础学科，以及从系统学到安全系统学到安全相似系统学的发展过程和理论与实践体系的发展趋势，可以对安全相似系统学的研究历程作出初步判断，为后续安全相似系统学的研究指明方向。

在安全领域，"安全现象-安全规律-安全科学"是安全学科发展的一般规律，即安全科学源于生产生活中的安全问题或安全需求。安全相似系统学作为安全科学的重要分支，必然遵从该定律，故安全相似系统理论及原理也应从实践中提取、归纳相似安全现象，以及解决相似安全问题中获取。同时，安全相似系统学作为实践导向型的学科，最终目的是提高实践中人的安全，因此，对于相似理论的运用、发展与完善是理论体系发展过程中不可获取的实践验证，并且在验证中，进一步发现新的问题。如此循环，至相似规律的总结相似理论体系的逐步完善。即从实践中来到实践中去（"Up-Bottom-Up"）的研究发展历程。参见图 5-7。

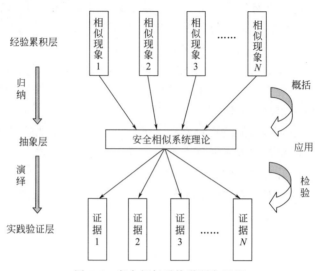

图 5-7　安全相似系统学研究历程

5.5.2　思维路径

相似理论是安全相似系统学的基础支撑理论，是在研究对象系统时，以相似性的主导思维进行分析。事实上，在 3.4 实践模型部分，均是由相似的思维路径出发构建的应用实践的思维路径。对安全系统从相似性的角度进行思考，有助于帮助研究者掌握安全系统、安全现象、相似事件之间的共性，从中发掘有利于系统保持良好的安全状态，维持系统稳定演化的相似因素，并且在安全系统的创造、设计、维护中继承并发展这些有利的相似特性。

例如，巴车事故时有发生，尤其是在雨雪等恶劣天气中，道路湿滑，加之长途运输，驾驶员疲劳驾驶，极易发生碰撞、侧翻、追尾等交通事故。巴车事故一旦发生，其后果必是惨痛的。如 2010 年 10 月 11 日，杭甬高速公路上发生一起涉及大客车的重特大交通事故，造成 3 人死亡，6 人受伤，其中 6 名乘客因未系安全带被甩出车外；2014 年 2 月 7 日，贵溪市区沿贵西线往双圳方向，车辆翻滚至罗塘河内，造成车上乘客 3 人死亡、2 人重伤；2014 年 8 月 9 日，西藏自治区尼木县境内国道 318 线发生一起交通事故，一辆旅游大巴车、一辆越野车、一辆皮卡货车连环相撞，事故造成 44 人死亡、11 人受伤，等等。对这些伤亡惨重的大巴车事故进行相似性分析，除了环境因素，驾驶员因素导致了事故的发生以外，造成重大伤亡的重要相似原因之一就是乘客自身没有系安全带。安全带对人生命安全的保障作用是不言而喻的，它是汽车发生碰撞过程中保护驾乘人员的基本防护装置，事故发生后，通过对乘员进行约束，避免了碰撞时乘员与方向盘及仪表板等发生二次碰撞或避免了碰撞时冲出车外导致死伤，安全带可在车祸中挽救95％的人员的生命。因此，可以得出结论：乘客没有及时佩戴安全带是巴车事故发生后造成重大伤亡的主要直接相似要素之一。基于此，强制并宣传教育佩戴安全带是保障乘客生命安全的最简单直接有效的方式。同时，通过强调安全带的重要性，强制并教育人员佩戴安全带，得到一个改进的人与巴车组成的安全系统，在车辆事故发生时，人员的安全得到更好的保护。

同时，与相似性对应的思维路径是相异。相似带来的是继承与延展，相异带来的是突变与创新，相似与相异并不是相互排斥的，而是像硬币的正反面一样，不可分开。安全系统间，有相似的地方就会有相异的地方。运用相似的思想，可以进一步借鉴并改善安全相似系统，同时，通过考察安全系统间相异的部分，可进一步了解造成安全系统功能，状态等不同的原因，从而寻找改善安全系统的新方法思路。同样的巴车事故案例，甬台温高速公路临海南出口附近发生一起大客车事故，为了躲避对向车道冲来的大货车，大客车撞破护栏，冲出路基，撞进路边的橘园里，因为乘客均佩戴了安全带，车上十多人受伤，伤势都不严重。通过该事故与上述伤亡惨痛的巴车事故相比，从相异的角度出发，造成伤亡差距的主要原因同样在于安全带的佩戴状况。在相似的案例中，发现相异点，寻找相异点对于安全系统行为的影响，对安全系统进行创新与改进。不同的思维路径下，会为安全系统带来不同的研究发展导向，但其最终目标均是提高并促进系统安全性，参见图5-8。

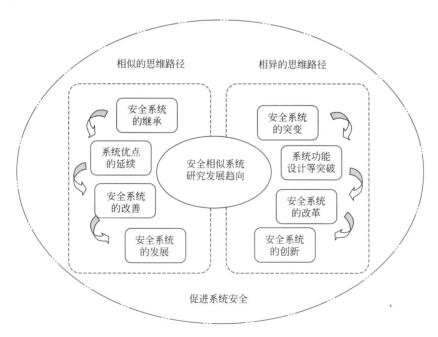

图 5-8　安全相似系统学不同思维路径下的研究发展趋向

5.5.3 一般程式

由安全相似系统出发向内可研究系统内部构造机理（自相似），向外可扩展至不同系统间相似性分析（他相似），且着眼方向的不同其实践应用模型也有不同的发展方向。结合安全相似系统学科学实践领域并归纳相似性的思维路径，将安全相似系统学的研究大致归纳为以下几步，参见图5-9。

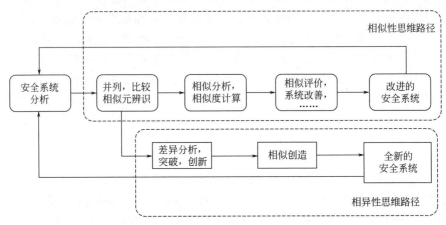

图5-9　安全相似系统研究的一般程式

（1）安全系统分析。安全系统由多层子系统、子结构、要素构成，厘清安全系统内部的结构是对安全系统进行进一步相似性比较分析的基本前提。

（2）相似元辨识。将两安全系统并列，运用比较安全学理论，对比分析系统要素、结构、子系统与安全系统整体显现特性的相似性，以及不同安全系统之间的要素、层次、功能等的相似性，确定相似元。

（3）相似分析。对安全系统间相似程度的把握包括定性的相似分析以及定量的相似度计算。定性相似分析运用比较安全学的原理，定量计算则会给出确定的相似程度。

（4）在相似分析的基础上，可进行安全系统的相似评价、相似模拟、安全系统相似管理等，从而实现对安全系统在结构与功能等方面的改善与提升，获得改进的安全系统。

（5）相似创造。由差异性分析，可获悉造成系统性能差别的机理，以此作为系统创新的切入点，进行相似创造。

第6章

安全相似系统学应用

　　安全相似系统学是以实践为导向的应用型学科。事实上，朴素的相似思想在过去已经广泛应用于安全科学与工程的实践中，如吸取事故教训，制定规章制度预防类似事故发生；学习和推广安全企业的先进经验和做法；开展新建、改建或扩建项目总要调查和学习先进的企业或公司的经验；开展安全预评价，人们经常选一个已经存在的类似企业或工程作为评价对象的参照物；在审视问题时，专家也会自觉不自觉地利用相似的案例来分析处理相关问题；企业的岗前培训，进厂培训，操作规程等是为了规范人员的行为动作，提高工作人员的相似性，减少由于差异性带来的不确定因素，等等。前面从理论部分对安全相似系统学进行了最基础的阐述，分别从内涵定义、基础模型、方法论与原理方面，对安全相似系统学进行了界定，并以期指导安全相似系统学相关研究的后续工作。

　　根据安全相似系统学的属性和涉及的相关学科，可确定安全相似系统学的应用领域和作用目标将安全相似系统的实践领域划分为安全相似系统分析、安全相似系统评价、安全相似系统模拟、安全相似系统管理、安全相似系统创造和安全相似系统设计。本章将聚焦于应用部分，分别对相似安全分析、相似安全评价、相似安全模拟及相似安全管理的应用做初步探究，抛砖引玉。

6.1　安全相似系统分析

　　相似事故的事故引发条件是相似的，通过对已经发生的事故进行分析，总结相似事故发生所赋存的必要相似条件，并将其破坏，可以实现阻止相似事故再次发生的目的。由此可知对于安全相似系统（正安全相似系统和负安全相似系统）的学习和分析，是改进安全系统的重要手段[187-197]。

6.1.1　安全相似系统分析内涵

安全相似系统分析，通过对不同的具有相似性的安全系统的共性（相似性）与个性（差异性）的分解分析，找出不同安全系统间导致相似目标行为的共同特性（相异特性），通过解析这些相似特性与相异特性，为安全系统的改进提供切入点。

由于安全领域涉及范围极广，安全相似系统分析的应用范围也极具跨度性。按照行业或事故种类对安全相似系统分析进行划分是具有针对性和可操作性的。按照行业划分，可分为：矿业安全系统中的相似案例分析、建筑安全系统中的相似案例分析、制造业安全系统中的相似案例分析、危化品行业安全系统中的相似案例分析、能源行业安全系统中的相似案例分析、冶金安全系统中的相似案例分析、建筑安全系统中的相似案例分析，等等。另一方面，按照事故系统划分，可分为：火灾事件系统相似案例分析、爆炸事件系统相似案例分析、沉船事件系统相似案例分析、陆地交通事件系统相似案例分析、踩踏事件系统相似案例分析、触电事件系统相似案例分析，等等。

以预防事故、提高安全水平的角度出发，安全相似系统分析的研究对象是多个具有相似安全行为的系统。通过寻找多个具有同一或安全相似系统行为的安全相似系统，在对安全系统细化分解的基础上，研究系统间的相似特性，以相似特性为基点探索系统行为的原因及本质。当所获得的相似性有助于提高系统的安全状态时，予以鼓励和推广，当获得的相似性易引发事故时，消除并预防，由此，可有效预防该类系统行为再次发生。以建筑施工过程中的高空坠落事故系统为例，其相似分析过程及内涵参见图 6-1。

事实上，任何行业、任何领域，通过对事故系统及安全系统的相似性分析，会总结出不少发人深省的经验和教训。一个简单的例子，化工企业安全生产的 41 条禁令，就是通过总结众多惨痛的事故，流血事件的相似的事故原因和教训而来的。41 条禁令并不是化工部安全管理制度的全部内容，而是通过相似性的思维，分析综合安全管理制度中那些经常得不到遵守，引发事故最多的部分，也是管理的最薄弱环节。换言之，这 41 条是多发的化工企业事故系统的相似特性总结的结果。

安全系统的相似性分析，是安全相似系统评价、安全相似系统模拟、安全相似系统设计实现的基本手段，贯穿于安全系统研究的整个过程之中。通过相似分析，具有以下指导意义：

（1）"前车之鉴""后事之师"。当从消极方面（即负安全相似系统）分析安全系统时，通过分析事故系统的相似性（包括相似的人为因素、相似的环境因素，等等），可以总结事发生的根本原因，并解释类似事故的机制。同时，通过掌握隐藏在类似现象背后的基本特征并打破必要的因果链，可以有效预防相似事

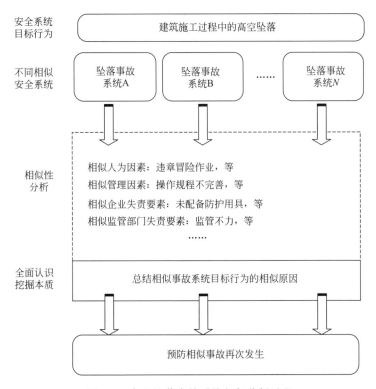

图 6-1 高空坠落事故系统相似分析过程

故的再次发生。

(2) 举一反三。当从积极方面（及正安全相似系统）分析事件时，不同的系统间之所以可以保持相似的安全状态，它们之间也同样存在相似之处的，例如良好的团队协作精神，人员良好的安全意识，安全管理经验，安全管理模式等。通过相似性分析、相似性设计和相似性模拟，将先进的安全管理经验和模型用于安全系统的提高与改善。

6.1.2 安全相似系统分析的一般步骤

随着科技的进步发展，大规模的系统成为趋势。越来越复杂的人机界面，冗余的信息负载，多层次的部门结构交互，使得对事故及事件的分析变得困难[198,199]。同时，由于事故对于环境、文化及人的依赖性，难以将单个的事件与其所处的环境独立开来。因此，将事故以系统的角度进行分析，通过相似理论这一具有综合分析能力的理论方法，可以帮助我们从用全面的观点分析事故或事故的方法，避免了仅仅聚焦于一点带来的局限性。通过安全相似系统分析，相似案例之间的并列、比较，发现其相似特征，通过分析这些相似性（包括相似的心理特性、相似的文化氛围和相似的信息等），可以从根本上把握隐藏在类似案例背后的基本特征[200]。

在挖掘了相似案例的本质之后，一方面，针对负安全相似系统（事故，未遂事件等），在掌握了消极事件发生的必要原因后，它们就是威胁系统安全的危险因素。在此基础上，便可有针对性地控制并消除这些因素，以便提高系统的安全状态。另一方面，针对正安全相似系统（包括安全行为活动、安全的运行状态等），可以通过相似性分析，总结系统保持安全状态的有效途径，并有效应用于其他安全相似系统。

结合安全相似系统学方法论中的一般程式，以及提出的相似与相异的思维路径，提出安全系统相似案例分析的一般步骤，参见图 6-2。

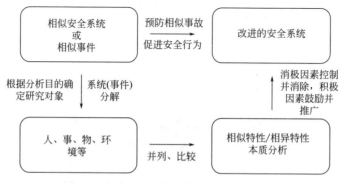

图 6-2　安全系统相似案例分析的一般步骤

（1）选择至少两个安全相似系统。因为只有通过分析事故样本集，我们才能得到具有参考价值的信息，选择分析样本越多，相似性分析越客观可靠。对于相似的安全系统，在 2.1.2 部分已有详细阐述。

（2）根据分析目的确定研究对象，并对安全系统进行分解。安全系统的细化分解 5.2.1 部分已有概述。系统细化分解至目标层次后，将对应的要素并列，比较分析[201]，寻找相似元，根据获取的相似元探析造成安全系统相似行为的根本原因，发掘事件本质。通过发掘探清导致事件发生的共同的因素（包括相似的事故致因因素），提炼相似事件的本质。事件分析的方法有许多，如鱼骨图[202-204]，FTA[205-207]，FMECA[208-211]，等等。

（3）获得改进的安全系统。通过有效控制并消除有害的事故致因因素，预防相似事故的发生，并且，鼓励并推广积极的有利于安全系统因素，从而提高系统的安全状态，获得改进的安全系统。

6.1.3　典型案例的相似分析与启示

分析事故间的相似特性是构建具有普适性的事故致因模型和制定通用性事故

预防对策的基础。通过对相似事故的分析，总结出导致相似事故的原因。从微观现场层面，到中观企业层面，到宏观政府层面，有利于把握事故的本质。为后续的事故预防，安全管理等工作提供有效依据。为检验安全相似系统分析思路是否符合实际应用，选取典型案例进行分析。火灾爆炸事故在我国时有发生。由于爆炸的突发性强，破坏作用大，爆炸过程在瞬间完成，在极短时间内造成巨大的人员伤亡及物质财产损失。

2015 年 8 月 12 日发生的天津港瑞海公司危险品仓库火灾爆炸事故，因为其事故伤亡人数之多，事故涉及人员、部门范围之广，引起国内外安全学者的重视。为了从整体层面把握此类事故发生的内在机制，运用相似分析方法，选取与天津港爆炸事故相似的昆山市中荣金属制品有限公司 "8·2" 特别重大爆炸事故做详尽的相似性分析。相似案例详情描述参见表 6-1。

表 6-1 相似案例详情描述

相似案例	案例描述
天津港 "8·12" 瑞海公司危险品仓库特别重大火灾爆炸事故	事故发生的时间和地点：2015 年 8 月 12 日 22 时 51 分,位于天津市滨海新区吉运二道 95 号的瑞海公司危险品仓库运抵区最先起火,23 时 34 分 06 秒发生第一次爆炸,23 时 34 分 37 秒发生第二次更剧烈的爆炸。事故现场形成 6 处大火点及数十个小火点,8 月 14 日 16 时 40 分,现场明火被扑灭 人员伤亡和财产损失情况：事故造成 165 人遇难(参与救援处置的公安现役消防人员 24 人、天津市消防人员 75 人、公安民警 11 人、事故企业、周边企业员工和周边居民 55 人),8 人失踪(天津港消防人员 5 人、周边企业员工、天津港消防人员家属 3 人),798 人受伤住院治疗(伤情重及较重的伤员 58 人、轻伤员 740 人);304 幢建筑物(其中办公楼宇、厂房及仓库等单位建筑 73 幢,居民 1 类住宅 91 幢、2 类住宅 129 幢、居民公寓 11 幢)、12428 辆商品汽车、7533 个集装箱受损
江苏省苏州昆山市中荣金属制品有限公司 "8·2" 特别重大爆炸事故	事故发生的时间和地点：2014 年 8 月 2 日 7 时 34 分,位于江苏省苏州市昆山市昆山经济技术开发区(简称昆山开发区)的昆山中荣金属制品有限公司(简称中荣公司)抛光二车间(即 4 号厂房,以下简称事故车间)发生特别重大铝粉尘爆炸事故 人员伤亡和财产损失情况：事故造成 97 人死亡、163 人受伤(事故报告期后,经全力抢救医治无效陆续死亡 49 人,尚有 95 名伤员在医院治疗,病情基本稳定),直接经济损失 3.51 亿元

其中，关于事故系统的划分，根据上文所述的安全系统细化分解思路，按照人-物-管-环的思路进行分解并细化，参见图 6-3。

国务院批准成立的事故调查组得出的事故调查报告为实证分析提供了可靠依据。通过事故原因相似性分析，将相似的原因提炼总结，将是预防此类事故再次发生的有效信息。对于上文中提到的两例意外爆炸事故，进行事故致因分析。参见表 6-2。

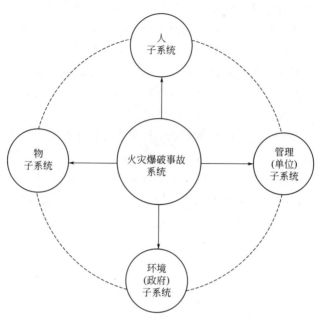

图 6-3   火灾爆破事故系统划分

表 6-2   经典相似案例分析

原因	天津港"8·12"瑞海公司危险品仓库特别重大火灾爆炸事故	江苏省苏州昆山市中荣金属制品有限公司"8·2"特别重大爆炸事故	相似特性
物质固有风险	①硝化棉（$C_{12}H_{16}N_4O_{18}$）包装密封性失效，分解产生大量热量，达到其自燃温度，发生自燃 ②堆场违规存放硝酸铵 ③严重超负荷经营、超量存储 ④违规混存、超高堆码危险货物	①抛光铝粉，该粉尘为爆炸性粉尘，主要成分为88.3%的铝和10.2%的硅 ②粉尘云，除尘系统风机启动后，在除尘器灰斗和集尘桶上部空间形成爆炸性粉尘云。粉尘云引燃温度为500℃ ③铝粉尘沉积 ④除尘器集尘桶底部锈蚀破损，桶内铝粉吸湿受潮，抛光铝粉呈絮状堆积、散热条件差	①都存有可以引发爆炸事故的危险物，案例一中的硝化棉、硝酸铵及其他高危险物质；案例二中的抛光铝粉 ②且易燃易爆物品的堆积量达到上限 ③重大的爆炸事故，一般情况下会存在可以引发二次事故的易燃易爆物质 ④这些物质不符合规定的排布堆放，来源于企业管理的不足
现场作业人员	违规开展拆箱、搬运、装卸等作业	事故车间，除尘系统未按规定清理，人员安全意识弱，风险辨识不全面，对铝粉尘爆炸危险未进行辨识，缺乏预防措施	①现场作业人员有意或无意地对危险源的忽视 ②存在违章操作 ③人员安全意识薄弱，风险辨识能力不强，是导致事故发生的主观原因

续表

原因	天津港"8·12"瑞海公司危险品仓库特别重大火灾爆炸事故	江苏省苏州昆山市中荣金属制品有限公司"8·2"特别重大爆炸事故	相似特性
涉事单位	瑞海公司 ①严重违反天津市城市总体规划和滨海新区控制性详细规划,未批先建、边建边经营危险货物堆场 ②无证违法经营 ③以不正当手段获得经营危险货物批复 ④违规存放硝酸铵 ⑤严重超负荷经营、超量存储 ⑥违规混存、超高堆码危险货物 ⑦违规开展拆箱、搬运、装卸等作业 ⑧未按要求进行重大危险源登记备案 ⑨安全生产教育培训缺失 ⑩未按规定制定应急预案并组织演练	中荣公司 ①厂房设计与生产工艺布局违法违规 ②除尘系统设计、制造、安装、改造违规 ③企业未按规定及时清理粉尘,造成除尘管道内和作业现场残留铝粉尘多 ④安全生产管理混乱,安全生产规章制度不健全,未建立岗位安全操作规程,现有的规章制度未落实到车间、班组。未建立隐患排查治理制度,无隐患排查治理台账 ⑤未开展粉尘爆炸专项教育培训和安全生产教育培训责任不落实 ⑥安全防护措施不落实。未按规定配备防静电工装等劳动保护用品 ⑦未按规定制定应急预案并组织演练	①涉事单位通常缺乏对于工作人员的风险认知、安全操作等方面的培训,案例一中关于拆箱、搬运、装卸等作业的安全教育,案例二中的粉尘爆炸专项教育培训 ②同时在安全管理制度,设备设施建设、规划上存在违规
合作企业	天津中滨海盛科技发展有限公司 安全预评价报告和安全验收评价报告弄虚作假,故意隐瞒不符合安全条件的关键问题,出具虚假结论 天津博维永诚科技有限公司 违规放线测量、墨线复核、竣工测量,审核缺失	昆山菱正机电环保设备公司 无设计和总承包资质,违规为中荣公司设计、制造、施工改造除尘系统,且除尘系统管道和除尘器均未设置泄爆口,未设置导除静电的接地装置,吸尘罩小、罩口多,通风除尘效果差	合作单位对于企业自身的安全运行的作用也是不可忽视的。案例一中的天津博维永诚科技有限公司的违规放线测量、墨线复核、竣工测量,审核缺失的行为,及案例二中昆山菱正机电环保设备公司的违规设计、制造、施工改造除尘系统。都是导致事故发生的原因之一

续表

原因	天津港"8·12"瑞海公司危险品仓库特别重大火灾爆炸事故	江苏省苏州昆山市中荣金属制品有限公司"8·2"特别重大爆炸事故	相似特性
设计院、评估中心、检测机构等	天津市环境工程评估中心 ①未发现瑞海公司危险货物堆场改造项目未批先建问题 ②未对环境影响评价报告中的公众参与意见进行核实,未发现瑞海公司提供虚假公众参与意见问题 ③未认真审核环境影响评价报告书,未发现环境影响评价报告没有全面采纳专家评审会合理意见问题	江苏省淮安市建筑设计研究院 未认真了解各种金属粉尘危险性的情况下,仅凭中荣公司提供的"金属制品打磨车间"的厂房用途,违规将车间火灾危险性类别定义为戊类	设计院、评估中心、检测机构等出具的施工设计图文件,安全与环境的评估报告、验收报告、检测报告等是企业施工过程中进行安全管理的依据和指导。如果在基本的具有参考性文件上存在错误,会导致一系列管理措施的错误
	天津市化工设计院 ①在瑞海公司没有提供项目批准文件和规划许可文件的情况下,违规提供施工设计图文件 ②在安全设施设计专篇和总平面图中,错误设计在重箱区露天堆放第五类氧化物质硝酸铵和第六类毒性物质氰化钠 ③火灾爆炸事故发生后,该院组织有关人员违规修改原设计图纸	南京工业大学 安全现状评价报告中,在安全管理和安全检测表方面存在内容与实际不符问题,且未能发现企业主要负责人无安全生产资格证书和一线生产工人无职业健康检测表等事实	
	天津水运安全评审中心 在安全条件、安全设施设计专篇、安全设施验收审查活动中,审核把关不严。特别是在安全设施验收审查环节中,采取打招呼、更换专家等手段,干预专家审查工作	江苏莱博环境检测技术有限公司 未按照《工作场所空气中有害物质监测的采样规范》(GBZ 159—2004)要求,未在正常生产状态下对中荣公司生产车间抛光岗位粉尘浓度进行检测即出具监测报告	
安监部门	滨海新区安全监管局第一分局 ①未对瑞海公司进行安全生产检查 ②明知该公司从事危险化学品存储业务,仍作为一般工贸行业生产经营单位进行监管	昆山开发区经济发展和环境保护局(下设安全生产科) ①对中荣公司安全管理、从业人员安全教育、隐患排查治理及应急管理等监管不力 ②未能及时发现和纠正中荣公司粉尘长期超标问题,未督促该企业对重大事故隐患进行整改消除	安全监督管理部门,安全监督管理部门是对企业自身安全管理的外部威慑力,应以严谨负责的态度实行安全生产检查,从业人员安全教育、隐患排查治理及应急管理等监管,重大事故隐患的排查和整改等

续表

原因	天津港"8·12"瑞海公司危险品仓库特别重大火灾爆炸事故	江苏省苏州昆山市中荣金属制品有限公司"8·2"特别重大爆炸事故	相似特性
安监部门	滨海新区安全监管局 ①未认真履行危险化学品综合监管和属地监管职责 ②未按规定对下属第一分局和派出机构安监站进行督促检查 ③对瑞海公司长期违法储存危险化学品的安全隐患失察	昆山市安全监管局 ①安全生产专项治理工作不深入、不彻底 ②未按照江苏省相关要求对本地区存在铝镁粉尘爆炸危险的工贸企业进行调查并摸清基本情况 ③安全生产检查工作流于形式 ④对昆山开发区发生的多起金属粉尘燃爆事故失察，未认真吸取事故教训并重点防范	安全监督管理部门,安全监督管理部门是对企业自身安全管理的外部威慑力,应以严谨负责的态度实行安全生产检查,从业人员安全教育、隐患排查治理及应急管理等监管,重大事故隐患的排查和整改等
	天津市安全监管局部门 ①未按规定对瑞海公司开展日常监督管理和执法检查 ②未对安全评价机构进行日常监管	苏州市安全监管局 ①未按要求及时开展铝镁制品机加工企业安全生产专项治理 ②未制订专项治理方案 ③工作落实不到位,对各县区落实情况不掌握	
公安消防部门	天津市公安部门 未按规定开展消防监督指导检查	江苏省安全监管局 ①安全生产专项治理工作不到位 ②没有按照要求督促、指导冶金等工商贸行业企业全面开展粉尘爆炸隐患排查治理工作	
环境保护部门	天津市滨海新区环境保护局 未按规定审核项目,未按职责开展环境保护日常	昆山开发区经济发展和环境保护局 ①环境影响评价工作不落实 ②未发现和纠正中荣公司事故车间未按规定履行环境影响评价程序即开工建设 ③未按规定履行环保竣工验收程序即投产运行等问题	

续表

原因	天津港"8·12"瑞海公司危险品仓库特别重大火灾爆炸事故	江苏省苏州昆山市中荣金属制品有限公司"8·2"特别重大爆炸事故	相似特性
其他部门	天津市规划局 ①对违法违规问题失察 ②未纠正滨海新区违反天津市城市总体规划问题 ③未纠正滨海新区控制性详细规划中按照工业用地标准将仓储用地容积率由上限控制调整为下限控制的问题	昆山开发区规划建设局 审查程序不规范、审查质量存在缺陷等问题失察	从宏观层面(政府角度),重大事故的发生,是相关部门(安全监管部门、公安部门、环境保护部门等)监管、督察不力的结果
	天津港(集团)有限公司 个别部门和单位弄虚作假、违规审批,对港区危险品仓库监管缺失	山市住房城乡建设局质量监督站 竣工验收备案环节不认真履行职责,违规备案	
	天津海关系统 ①违法违规审批 ②未按规定开展日常监管	昆山市住房城乡建设局 ①未严格执行项目竣工验收规定 ②监督指导不力	

通过上述案例相似特性分析,对天津港"8·12"瑞海公司危险品仓库特别重大火灾爆炸事故和苏州昆山市中荣金属制品有限公司"8·2"特别重大爆炸事故相似特性总结,总结事故致因相似元,如图6-4所示。

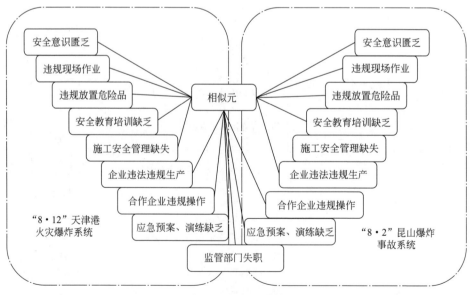

图 6-4　相似元总结

因此，对于相似的火灾爆炸事故，可以总结如下：

（1）事故是由人-物-管理-环境子系统共同作用的结果。

（2）火灾爆炸事故的直接原因包含了人与物两方面。

① 现场工作人员的违章操作及易燃易爆物品的违规摆放是引发事故的直接导火索。

② 火灾、爆炸事故中可燃物、空气、点火源、受限空间等极容易同时存在，应重点监测、控制、预防。

③ 不管是人的不安全行为还是物的不安全状态都是由于人的安全意识淡薄，辨识潜在风险的能力薄弱导致的。安全意识是避免事故发生的有效措施。如果员工具备较高的安全意识，那大部分的事故是可以避免的。如果员工安全意识不强且企业监管不到位、培训不到位，极易发生事故。

④ 人因是事故发生的首要因素。

（3）火灾爆炸事故的直接原因包括涉事单位与合作单位不安全行为，以及政府相关单位的失责行为。

对于相似事故的分析总结，是归纳的过程。运用安全相似系统理论，将归纳的信息用于提高系统安全状态是演绎的过程。通过分析已经发生的事故，提高相似事故分析的能力，面对相似事故应急及救援的能力，预防此类事故的再次发生，从系统的角度来看，就是改善安全系统的过程。此外，分析的相似案例越多，相似性分析越为可靠。通过相似火灾爆炸事故系统分析，获得的启示如下：

（1）事故预防。分析总结导致相似事故发生的相似原因，这些原因是相似事故发生的重要根源。因此，控制、消除这些相似要素，是有效控制相似事故发生的途径。对于企业的火灾爆炸事故而言，易燃易爆高危险物品的合理堆放，及时清理，是预防事故发生的最直接有效的措施。同时，现场作业人员安全意识与安全素质的提升，有利于从本质上预防事故。

（2）事故分析。通过事故分析途径、思路，相似的事故原因的总结，在其他同类型事故分析、评价、决策的过程中，运用相似性理论，可进行合理借鉴与思考。尤其是危险性分析评价中，以总结的相似的事故致因因素为判据，有助于对系统发生此类事故的可能性作出合理预判。

（3）安全管理。已分析出的导致相似事故发生的相似原因，是企业在安全管理中应重点注意并控制的因素。在相似的施工环境中，消除相似的事故致因因素，从管理的角度预防事故，改善安全管理系统。

（4）除此之外，安全相似系统理论还可用于相似事故的事故救援，应急预案的制定，全新系统的构建等。其本质就是以已知的系统为参照，运用相似的理念，消除对系统有害的因素，发展对系统有益的因素。

（5）同时，正如对于相似性思维与相异性思维的阐述，在安全系统相似分析时，同时应兼顾对于系统发展有影响的相异点。分析这些相异点对于系统行为的影响，是我们改善提高并创新的切入点。

6.2　安全相似系统评价

6.2.1　安全相似系统评价内涵

安全系统评价是以安全系统为研究对象，是以实现系统安全为目的，对系统中存在的危险、有害因素进行辨识与分析，判断工程、系统发生事故和职业危害的可能性及其严重程度，从而为制定防范措施和管理决策提供科学依据。

安全系统分析是评价的基础。对于系统分析与系统评价，并不能将其各自独立开来。安全系统的分析贯穿于整个系统评价的过程中，甚至可以理解为，分析和评价都是安全系统改进的前提基础，分析多是定性的，而评价则将各种指标及结论放置于定量的条框之中，让结论更加具象。

安全相似系统评价，将相似的理论引入评价过程，通过对待评价对象（系统）关于整体相似度及部分（子系统）相似度的计算分析，不仅可以实现不同安全系统之间的对比分析，并且通过子系统之间的相似度实现了对系统内部的横断剖析。

同安全系统相似分析一样，安全相似系统评价亦存在于各行各业，多种领域中[212-216]。按照行业或领域将安全系统的相似评价进行分类，仅可以表明安全评价的行业背景，或许之中存在评价体系，指标选取的区别，但就整个评价过程而言，并不具备高的研究价值。从相似的角度分析，安全系统中的相似分析可以从两方面来解读：

（1）定性评价。系统的安全性是遵循一定规律的，这一规律性表现为不同系统间的相似性。在评价分析时，寻找相似的其他安全系统作为参照，进行对比，让评价结果在相互参考的过程中不失客观准确性。这种依据相似系统对照分析的过程，更多地存在于定性的分析中。

（2）定量评价。定量评价强调定量计算，它具有标准化、精确化、量化、简便化的特征。相对定性评价而言，定量评价需要相似度的计算，按照相似度特征值的不同，来分析评价对象。在工程中，更多的，我们需要从定量的角度，给出待评价对象数量化的结果。这也是我们相似安全评价研究的重点。

6.2.2　对应安全系统间相似评价的一般步骤及案例分析

相似安全评价，是将相似理论运用于安全评价的一种全新的评价方法。运用相似元，寻找评价指标，通过相似度计算，定量化两两评价对象间的相似程度。其评价的一般过程与普通评价方法存在一定差别，参见图6-5。

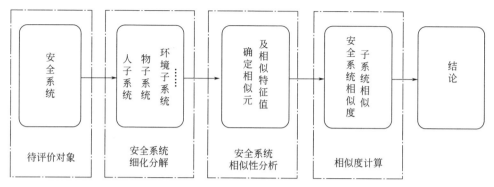

图 6-5 相似安全评价的一般步骤

（1）确定待评价对象。调研、勘察、收集，并研读资料，确定待评价对象，划分对象系统边界。

（2）安全系统分解。根据研究目的，将安全系统细化为不同的子系统，是进一步确定相似特征的基础。例如关于表5-2的道路交通事故系统，将其划分为人子系统，车子系统，道路子系统和环境子系统。又例如关于6.1部分关于火灾爆破事故系统的分析中，将火灾爆破事故系统划分为人子系统，物子系统，涉事单位子系统及监管部门子系统。

（3）确定相似元及相似特征值。这一步相当于一般评价过程中，评价指标体系的建立和指标定值的过程。

（4）相似度计算。与传统的安全评价不同的是，一般的评价结论仅仅通过给出一个综合数值，根据数值判断系统的整体状态，相当于是整体性的评价。而相似安全评价，不仅可以给出系统的相似度作为整体性判断的度量指标，并且，可以获得各子系统，甚至各相似特征的相似度，为从系统内部剖析对比提供了可能。

针对6.1部分所列举的天津港"8·12"瑞海公司危险品仓库特别重大火灾爆炸事故和江苏省苏州昆山市中荣金属制品有限公司"8·2"特别重大爆炸事故，计算其事故致因系统的相似度。在定性分析相似致因因素的基础上，进行对应子系统与系统之间的相似度计算。人子系统、物子系统、涉事单位子系统及环境子系统对应权重分别为 $W = (0.5，0.3，0.1，0.1)$，各子系统相似度计算结果参见表6-3。

表 6-3 子系统相似度及系统相似度

子系统	q_i	Q
人子系统	0.90	
物子系统	0.90	
涉事单位子系统	0.75	0.86
环境子系统	0.65	

由各子系统的相似度可知，在仅仅考虑事故致因因素的层面上，天津港爆炸事故和中荣公司的爆炸事故的事故致因系统相似度为 0.86，说明这两起事故的致因模式相似度是极高的。其中，人子系统和物子系统的相似度均为 0.90，显而易见，其主要的人为事故致因是人的违章操作和安全意识淡薄，以及危险物品的违规堆积堆放，这是事故发生直接因素。并且，两起事故的涉事单位及合作单位均存在管理制度的不健全，安全培训教育的缺失，以及在设备设施建设改造方面存在违规操作。同时，监管部门也同时在一定程度上存在相似的监管、整改、监察失责。

6.2.3　多组安全系统间的相似评价及案例分析

由于相似度计算过程的特殊性，相似度的分析与计算是以案例间的两两对照分析为基础的，那么，当存在多组安全系统时，情况则不同。如对于 H 组不同的安全系统，根据排列组合原理，需要计算 C_H^2 组相似度。例如上文中关于交通事故案例，包含七组案例的分析，便有 21 个组合，即 21 组相似度的计算工作量。且仅仅通过两两比较而计算得的相似度仅可表明两组研究系统之间的相似程度，更适合于研究系统基数小，系统间相似性目的分析需求明确的情况，这是安全相似系统评价的一个弊端。

TOPSIS[217-220]是用于 MCDM 多方案排序及选择经典方法，其主要思想是通过搭建一组极好的或极差的理想解，计算各研究对象与这组理想解之间的差距进行多组研究对象的优劣排序。借鉴 TOPSIS 的理想解思路，在多组安全相似系统评价时，同样可创造一组极好（或极差）的理想型系统，通过计算每组案例与该理想型案例的相似程度，可用于辨识的案例与理想状态相似性与差距程度。据此，可对多组安全系统评价的一般过程进行改进，参见图 6-6。

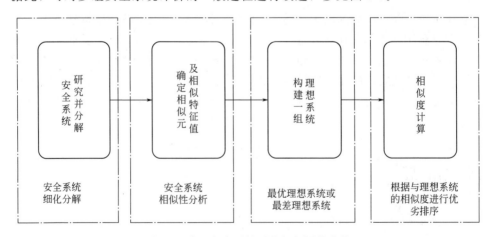

图 6-6　多组安全系统下的相似评价步骤

其中，根据各安全系统与建立的理想型安全系统的相似程度作为评价安全系统与理想状态的差距。

根据已提出的多组安全系统下的相似评价步骤，以表 5-2 中的 7 组相似交通事故案例进行安全相似系统评价。在上述交通案例中，可构建一组极好的理想案例 0#，并将其定量化表达，分别参见表 6-4、表 6-5。

表 6-4　理想案例

人子系统 S_1			车子系统 S_2			道路子系统 S_3			环境子系统 S_4	
u_1	u_2	u_3	u_4	u_5	u_6	u_7	u_8	u_9	u_{10}	u_{11}
极好	极好	极好	极好	极好	极好	齐全	齐全	齐全	极好	极好

表 6-5　理想案例定量化

案例编号	相似元定量特征值					
0#	u_1 ([1,1], [0,0])	u_2 ([1,1], [0,0])	u_3 ([1,1], [0,0])	u_4 ([1,1], [0,0])	u_5 ([1,1], [0,0])	u_6 ([1,1], [0,0])
	u_7 ([1,1], [0,0])	u_8 ([1,1], [0,0])	u_9 ([1,1], [0,0])	u_{10} ([1,1], [0,0])	u_{11} ([1,1], [0,0])	

根据式(5-22)，计算对应特征相似度 S_j，参见表 6-6。

表 6-6　特征相似度 S_j

案例编号	S_1	S_2	S_3	S_4	S_5	S_6	S_7	S_8	S_9	S_{10}	S_{11}
0#,1#	0.05	0.35	0.55	0.45	0.1	0.15	0.55	0.65	0.7	0.15	0.15
0#,2#	0.05	0.4	0.05	0.45	0	0.15	0.45	0.1	0.1	0.05	0.1
0#,3#	0.4	0.3	0.05	0.35	0	0.05	0.45	0.45	0.55	0.45	0.55
0#,4#	0.35	0.45	0.05	0.05	0.3	0	0.5	0.4	0.5	0.45	0.4
0#,5#	0.1	0.05	0.05	0.1	0.45	0.5	0.45	0.5	0.3	0.45	0.45
0#,6#	0.35	0.4	0.1	0.1	0.45	0.5	0.5	0.55	0.15	0.15	0.05
0#,7#	0.4	0.4	0.1	0.35	0.05	0.45	0.35	0.45	0.45	0.45	0.15

根据上述相似度计算方法，对七组相似交通碰撞事故相似度进行计算，每组案例与理想状态案例的相似程度如下：

$$Q(0\#,1\#)=0.2941$$
$$Q(0\#,2\#)=0.1336$$
$$Q(0\#,3\#)=0.3127$$
$$Q(0\#,4\#)=0.3001$$
$$Q(0\#,5\#)=0.2777$$

$$Q(0\sharp,6\sharp)=0.2820$$
$$Q(0\sharp,7\sharp)=0.3235$$

理想案例的每个相似特征均取最优值，即 $0\sharp$ 代表的是安全系统内的所有指标均呈现最优，系统处于理想的安全状态。通过对七组案例与理想案例的相似度分析，相似度结果代表的是，系统与理想系统之间的相似程度，相似度越大，表明系统越安全，相似度越小，表明系统越危险。那么根据上述计算结果，可知案例 $2\sharp$ 的系统状态最为糟糕，案例 $5\sharp$ 次之。

6.3　安全相似系统模拟

6.3.1　安全相似系统模拟的分类

模拟，指的是将一个现实系统虚拟化的过程。一般情况下，包括实物模拟和计算机模拟。实物模拟是指将系统中设计的场景、设备等各类元素，按照比例设计成相应的模型，构建出一个缩小版或者放大版的系统，再进行具体实验，所有的过程都是现实世界真实存在的，人员也需要真实地参与实验过程；计算机模拟又称为仿真模拟，利用计算机建模技术，通过各类软件建立数学模型或者物理模型，形成虚拟场景，然后再进行实验，所有过程中是半实物半虚拟的存在，人员只需要通过操作计算机来参与具体实验。模拟能够适用于大部分复杂系统，降低复杂系统实验成本[221-226]。当然，也可半实物半虚拟相结合的形式进行模拟。

在安全系统中，由于事故的灾害性，导致重复实物模拟会带来巨大的经济损失和惨重的人员伤亡，同时，安全系统的复杂性、开放性和巨大性，导致实物模拟涉及的元素太多，实物模拟工作量巨大。因此，在安全系统中的模拟通常是采用计算机仿真模拟来的实现。这里，可将安全系统模拟分为基于同一理论的不同安全系统的模拟和基于同一模式的不同安全系统的模拟两大类。

6.3.1.1　基于同一理论的不同安全系统的模拟

以同一理论为基础的不同安全系统的模拟，必然存在一定的相似性。下面将分别从水安全系统模拟、能源安全系统模拟、企业安全管理系统模拟和区域旅游生态安全系统四个安全系统基于 SD 理论[227,228]的模拟进行详细介绍。

（1）水安全系统模拟[229]。水安全系统是以水安全为目标的综合系统，而水安全是指水质、水量和水的空间分布与人的合理需求之间的差距在一定的阈值范围之内[230]。一旦超过此范围，则认为水安全存在问题。水安全系统是一个与经济、社会、环境和人类活动息息相关的复杂的、动态系统，而系统动力学是解决动态复杂系统建模的有力工具。

（2）能源安全系统模拟[231]。能源安全系统其中包括人口、经济、环境、资源等很多子系统，是一个非线性、动态的复杂系统。因此，用系统动力学理论进行建模研究是合理的。

（3）企业安全管理系统模拟[232]。目前，企业在安全管理方面形势严峻，而且安全管理具有非稳定性和动态变化特性，管理者无法准确预测和决策，同时，管理者无法长远地看到安全管理给企业带来的隐形的、滞后的经济效益，对安全管理没有引起足够的重视。通过对安全管理系统的仿真模拟，可以为管理者提供安全管理的新思路。

（4）区域旅游生态安全的动态仿真模拟[233]。旅游生态安全系统是以自然、经济、社会相互影响的复杂系统。将系统动力学应用于此领域能够为旅游生态安全的可持续发展提供良好的保证。

6.3.1.2 基于同一模式的不同安全系统的模拟

上述四个案例都是基于同一理论的安全系统模拟，但是实际生活中，一个理论并不能同时适用于很多不同的安全系统。因此，对于一些无法用同一理论建模的安全系统之间的模拟分析尤为重要。通过大量的文献查阅，发现很多安全系统模拟都是基于同一模式。下面将对情景模式的不同的安全系统进行详细的模拟介绍，包括建筑火灾安全模拟、城市公共安全应急响应动态地理模拟、驾驶视觉安全模拟和建筑施工安全行为模拟。

（1）建筑火灾安全模拟[234-236]。建筑火灾安全模拟的目的在于模拟火灾发生的全过程，对人员进行火灾安全疏散培训。因此，模拟的核心在于让受训人员能够切身体会到火灾发生的场景，但是，由于亲自参与疏散过程可能造成不必要的伤亡，所以需要设定情景式的模拟情景，通过计算机实现和人员实际操作体验相结合来进行火灾疏散培训。

（2）城市公共安全应急演练模拟[237]。城市公共安全应急演练模拟的关键因素是人员的活动。而且人员也无法真实承受应急演练过程中可能带来的危害，因此，情景模式的模拟方法可以很好地让人了解整个应急过程，虚拟的危害后果又不会造成人员伤亡。

（3）驾驶视觉安全模拟[238]。在特殊天气条件下，如烟雾环境，进行驾驶视觉安全试验具有一定的危险性，所以，可进行情景模式的模拟，即实物和虚拟相结合。

（4）建筑施工安全行为模拟[239]。建筑施工安全事故频发，而且后果严重。通过建筑施工安全行为模拟，可以用虚拟的方式变现多种不同类型的不安全行为及其带来的后果，予以警示。

6.3.2 安全相似系统模拟的一般步骤

分别对以同一理论的不同安全系统的模拟案例及以同一模式的不同安全系统的模拟案例进行基本模拟过程的总结。

6.3.2.1　基于同一理论的安全系统的一般模拟步骤

根据水安全系统模拟（以安徽省为例）、能源安全系统模拟（以中国为例）、企业安全管理系统模拟（以矿山安全管理为例）和区域旅游生态安全系统模拟（以辽宁省为例）的模拟过程进行基本总结，参见表 6-7。

表 6-7　不同的安全系统模拟一般步骤总结

案　　例	一般步骤归纳
水安全 系统模拟	①确定水安全系统的各个子系统，并根据安徽省的地理位置、自然条件、社会经济条件，确定各个子系统内部参与的元素，即确定系统边界内部元素 ②找出子系统中表征各个元素的相关变量，画出各个子系统变量之间因果关系图，设计相关变量合理的反馈回路 ③画出每个子系统的流图，并将每个子系统整合成系统流图，并根据结构方程式确定变量之间具体的数量关系 ④对系统流图中涉及的各个元素进行赋值，包括常量、表函数和相关状态变量方程，写出对应的表达式，作为模拟初始参数 ⑤建立水安全系统评价指标体系，罗列各个评价指标 ⑥改变控制变量，设计不同的方案，通过 Vensim 软件进行具体的模拟，观察得到的评价指标值 ⑦选择合适的评价方法，对每个方案的效果进行评价，选择最优方案
能源安全 系统模拟	①根据历史能源资料数据，建立中国能源安全系统的因果关系反馈图，包括合理设置反馈回路 ②根据所构建的因果关系图，选择合适的变量建立因果关系流图 ③根据因果关系流图，运用二次平滑指数对变量进行拟合，用熵值法、回归分析方法确定模型原始参数 ④模型检验可行后，改变调控参数设计不同的方案，用 Vensim 软件进行不同方案的模拟 ⑤分析目的变量的变化情况，得出最优方案
安全管理系统 的仿真模拟	①分析矿山安全的结构组成，将其分解为多个子系统 ②按照子系统的划分，建立高层模型 ③确定子系统模型中的主要结构变量，包括目的变量、调控变量和辅助变量，并且分析各个变量之间的定性关系，设计合理的回路，画出系统流图 ④确定系统初始参数和各个变量的定量关系，模型检验可行后，改变调控变量进行不同方案的设计，用 STELLA 软件进行仿真模拟 ⑤分析目的变量的变化，判断得出最优方案
旅游生态 安全系统模拟	①建立区域旅游生态安全系统的因果关系图，分析每个因素之间的定性关系，设计合理的回路 ②结合统计数据和因果关系图，找到每个因素的数学表达变量，构建系统动力学流图 ③通过最小二乘法、趋势外推法和算术平均法等方法确定变量的函数关系，作为模拟初始参数 ④模型检验可行后，找出调控变量进行方案设计，用 Vensim 软件进行模拟 ⑤分析不同方案的目的变量的变化，确定最优方案

　　运用相似分析的方法，将基于同一理论的不同安全系统的一般模拟步骤进行总结：

　　（1）资料分析，实地调研，根据实际情况，将安全系统进行系统细化分解，分析系统元素及其之间的关系。

　　（2）根据变量之间因果关系图，选择合适的变量建立因果关系流图，设计相关变量合理的反馈回路。

　　（3）确定系统模型的主要参数及变量的函数关系。

　　（4）模型检验，改变控制变量，设计不同的方案。

　　（5）分析不同方案的目的变量的变化，判断得出最优方案。

6.3.2.2　基于同一理论的安全系统的一般模拟步骤

　　根据建筑火灾安全模拟、城市公共安全应急演练模拟、驾驶视觉安全模拟和建筑施工安全行为模拟实例，对模拟过程进行基本总结，参见表6-8。

表 6-8　不同的安全系统模拟一般步骤总结

案　例	一般步骤归纳
建筑火灾安全模拟	①将建筑物用计算机实体建模画图 ②根据建筑物实际情况,确定火灾发生时的自然条件,如:通风、排烟和热释放速率等 ③利用流体动力学软件进行火灾动态模拟,分析火灾发展情况以及烟气蔓延情况 ④进行结构有限元分析,分析火灾情况下温度场分布,确定危险薄弱环节 ⑤人员疏散模拟,自行开发软件使操作者身临其境,根据自己真实的操作,进行火场逃生的学习,找到快速逃生的方法 涉及的软件包括CAD、FDS火灾动态程序[240]、ANSYS[241,242]等
城市公共安全应急演练模拟	①过历史统计资料,将已经发生过的突发事件的应急演练过程采用合适的软件建模,其中应急演练每一步的标准操作已设定,人员可以根据自己的操作 ②选择合适的突发事件情景,并进行虚拟应急演练的操作 ③利用软件的回放和评估功能,评价操作者的操作与标准步骤之间的差距,予以警示并提出纠正措施,达到教育培训的效果 涉及的软件包括:三维图形软件、数学建模软件、数据库软件等
驾驶视觉安全模拟	利用相关软件,如UC-win/Road[243,244]软件,将驾驶情景制作成动画再现,但是刹车踏板、方向盘、油门踏板等是真实存在的,通过不同的人真实操作方向盘、刹车和油门,以不同的速度在不同的动画场景下的各个实验,发现环境和速度对驾驶视觉安全的影响规律
建筑施工安全行为模拟	是对建筑主体、设备等进行三维模拟,分析施工过程中可能出现的危险因素,设计事故情景并且用相关软件建模表达,模型中的人员模型的行为由真实操作人员通过软件操作实现,最后通过动画模拟展示整个施工过程及其结果,达到教育培训的目的。涉及的软件包括:surface建模软件、Nurbs建模软件、动画制作软件、Sketch Up[245,246]、Revit、3Dx Max 等

运用相似分析的思路，对相似系统模拟一般思路进行总结：

(1) 根据研究目的，选择模拟软件，设定分析过程。

(2) 选择合适的场景，进行模拟操作，根据问题具体分析。

(3) 通过模拟分析，对结果进行评估，达到模拟研究的目的。

6.4 安全相似系统管理

6.4.1 安全系统的相似管理释义

安全系统管理是指综合运用安全科学、系统科学和管理学的原理和规律，完成系统内规划、组织、协调和控制应进行的全部安全工作，分析系统的风险、预测、评价、决策等实施过程，通过风险预控管理，制订消除或控制风险的管理措施，使系统形成有机协调、自我控制的安全管理模式，最终保障系统安全运行。

正如前面所讲，随着信息技术现代化的发展，安全系统越来越趋近于大规模化，其复杂性与繁冗性，需要我们以整体的视角来认识了解安全系统。正是由于安全系统的这种非线性特质，难以简单给予"某种安全管理方法更适合应用于某种安全系统模式"或"某类安全系统适合的安全管理方法有哪些"的结论。在现实中，我们无法否认的是，很多具有良好安全生产状态的企业并没有某种明确的或特定的安全管理模式。那么，对于开放性的安全系统，运用相似的理论，借鉴和学习先进的安全管理方法，比仅仅研究某种特定的管理方法更具有工程实践意义。

安全管理方法的借鉴，或者可以描述为安全管理经验、模式或相关安全技术能否推广应用到另一个安全系统，这取决于安全规律接近程度或安全系统相似度的大小，相似度越大，安全系统组织结构、信息流通方式和功能越接近。安全系统的相似管理可以理解为：通过相似性的管理运筹，对系统内或系统之间有相似性的安全问题进行相似操作、处理和控制等，使系统形成有机协调、自我控制的安全状态。

安全系统的相似管理是以社会、人、机系统中的人、物资、信息、任务、资金和设备等要素之间的安全关系为研究对象，通过安全系统相似元之间的相似度分析，实现相似系统的相似安全管理运筹，保证系统中安全状况的持续实现。其相似性研究可以从以下几个维度展开，参见表6-9。

安全生产管理中，以上要素相互联系，相互作用。安全投入的设计、安全目标的制定等离不开领导的决策和控制；本质安全设计是以技术支持为前提的；安全教育、安全宣传都是安全投入的表达形式；信息则是各维度的传播中介，等等。

表 6-9 安全相似系统管理的研究维度及内容

维度	注 解	实 例
人	人形成相似的潜在安全意识、安全知识和安全技能等依赖于相似的教育及工作背景等环境。同样的,性别比例、专业技术人员配备比例等的相似性也对安全系统相似度具有重要促进作用。可利用该维度相关要素的相似性进行安全预测,通过预测结果评估相似安全管理活动的可行性	如在车间 A 和车间 B 的工人中,初中文化程度都占到80%以上,则在进行安全教育活动时,内容都以浅显易懂为主,应以不安全行为的严重后果而不是事故的原理为主要切入点
物	当系统中具有类似的危险源或涉及的原料、产品、废料、中间产品等具有相似的理化性质或数量特征时,安全技术对策的制定和安全管理的重点也基于相似的角度展开	如针对遇水生成易燃气体且释放大量热量这一相似特性,凡生产环节中涉及活泼金属、氧化物等的企业应检查自身的灭火器配置和安全管理,撤换泡沫灭火器,从技术上控制车间湿度,从制度上加强水源管理,杜绝爆炸事故发生
信息	安全信息是安全控制的基础。可借鉴系统安全指令信息、生产安危信息、安全工作信息等的相似性进行相似的安全计划、安全预测、过程控制等安全管理活动	如电子信息、烟草等行业的安全标准化细则虽有所异,但都是以基本规范为制定基础,其安全标准化细则的结构与基本规范保持一致,内容也具有相似性
任务	相似的任务维度要素进行相似的安全目标管理,并在管理体系、过程控制等宏观上控制安全系统的相似发展趋势	对于生产任务、安全目标等元素相似的系统,往往实施相似的考核方式,考核数据也从相似角度处理
资金	基于资金比例的相似性进行相似的安全计划活动,安全管理过程中,可基于事故损失、安全经济效益等的相似性进行相似的安全协调活动	同一企业的子公司安全投入结构和比例往往具有相似性
设备	功能、构成、规模等相似的设备,其能量释放的方式和大小以及对人和系统的伤害方式往往具有相似性,其本质安全设计、工作人员防护措施等具有可借鉴性,可利用设备维度相关要素的相似性进行安全设计、安全控制等管理活动	建筑工地、生产车间等存在高空坠物危险的工作环境必须正确佩戴安全帽方可进入

由相似学理论,信息子系统在安全管理中具有反映安全工作、安全生产差异的功能,从中能获知安全系统的运行情况等信息,并用于指导实践,改进安全管理工作,它是促进各子系统共适应的桥梁。而危险性和安全性的区别和对立并不是绝对清晰的,随着子系统彼此适应的不断进行,系统的安全特性会趋向于系统和谐。相应地,系统间的相似特性也会随演化而不断变化。图 6-7 将各维度中相似分析的元素列举出来。

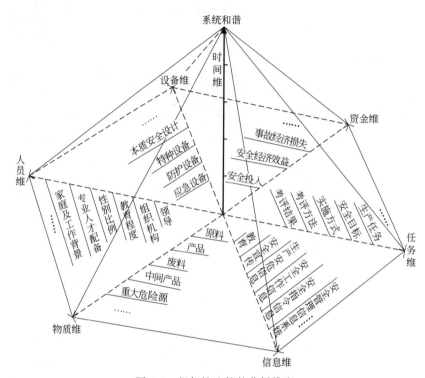

图 6-7　相似性比较的分析维度

6.4.2　安全系统的相似管理一般步骤

　　将安全系统中的相似步骤分为以下 6 个步骤，为实现相似安全管理的预期研究目标，不同的步骤需要使用不同的研究方法[247-250]，相似安全管理的过程如图 6-8 所示。

　　(1) 现象或问题描述阶段：描述系统的安全管理现象或问题，使用观察法、访谈法、文献分析法、问卷调查法、统计法等相关研究和整理方法详细记录相关材料，对其进行描述、概括和辨伪，确定系统在安全管理方面存在的缺陷和问题。

　　(2) 相似系统确定阶段：使用安全比较法、统计法、观察法、单因素方差分析、分层抽样等方法从不同角度选取认为可供借鉴的系统，通过不同方法分层筛选，确定用于后续比较的相似系统。

　　(3) 相似元并列阶段：根据问题现状和目标，通过结构-功能分析法、层次分析法、分类法、对称方法等方法构造相似元并确定其比较要素。相似元构造主要依据两个条件：系统间对应要素要有独立的边界、相对独立的功能和结构，对应要素的特性存在相似性。

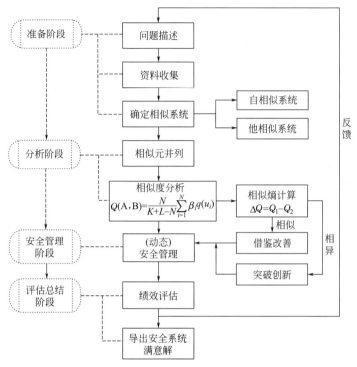

图 6-8　相似安全管理的过程

（4）（动态）相似度分析阶段：通过模糊数学分析法、回归分析法、云模型、仿真法等方法，计算要素的相似程度，进一步确定系统相似度，并运用比较法对系统进行动态相似分析，计算相似熵，当相似熵大于可接受的相似阈值时，需要从相异性思维路径寻求安全系统的突破点，进行改革与创新，提高并促进系统的安全性。

（5）相似安全（动态）决策阶段：运用归纳法、演绎法、类比法等方法，根据相似度分析结果，对相似元进行评价与借鉴移植等，作出相似安全决策，并根据相似熵对安全决策进行适度调整。

（6）安全绩效测量阶段：通过访谈法、比较法、观察法、统计法等方法比较相似决策前后系统的安全绩效，发现安全系统运行新问题，通过 PDCA 循环[251]，使系统安全管理水平不断得到改善和提升。

上述相似管理的一般步骤仅仅是对于安全系统中的相似管理实践的一般过程，在具体案例中应根据不同情况具体分析，下面举例说明：

设安全系统 A 和安全系统 B 构成相似系统，K、L 分别为系统 A、B 并列的相似元数量，N 为 A 与 B 间相似的相似元数量，$q(u_i)$ 为并列元相似值，$q(u_i)$ 包括定量相似值和定性相似值，前者主要依赖于测量、统计等手段客观确定，后者则通过 AHP、模糊数学、云模型等方法定量化。β_i 为相似元 i 对系统相似度的权重系数。$Q(A，B)$ 为安全系统 A 和安全系统 B 的相似度。引用 ΔQ 作为动态相似分析中的相似熵，用以表明系统间相似性的不确定性。通过 ΔQ 的数值分析，可分析随时间的推移，系统之间是趋于相同还是趋于相异，并通过设定阈值 t 与相似熵进行比较，若系统之间持续趋于相异且 ΔQ 低于 t，则认为用于比较的相似系统已无借鉴意义，需审视相似安全决策的合理性，并考虑重新选取用于比较的相似系统。

通过安全绩效信息的反馈，构成了一个完整的传递反馈闭环回路，此为 PDCA 循环在安全管理上的具体应用。相似安全管理通过对 PDCA 循环的借鉴应用，将行之有效的相似经验完善到了 PDCA 的 4 个不同阶段。

（1）计划阶段（Plan）。通过比较和统计等方法分析发现不安全因素，并根据事故预防的原则，预测未来一段时间内可能出现的不安全状态，对危险程度进行分级。同时确定要用于比较的相似系统，并根据实际细化到相似元，准备进行相似度分析。

（2）执行阶段（Do）。相似度分析和相似安全决策阶段，通过系统之间的横向相似分析，针对相似度情况对安全决策进行细化，确保安全决策的可操作性，同时落实责任到人。

（3）检查阶段（Check）。通过纵向比较，根据相似熵分析检查系统相似度的发展趋势，检查安全系统的运行情况，从而判断安全决策的合理性，同时进行微观调整。

（4）处理阶段（Action），即安全总结评比阶段。总结取得的安全绩效，把行之有效的安全管理方法标准化，以提升安全水平；对计划而未解决的问题根据其原因划分责任，依据安全管理制度划分责任，通过考核奖惩等措施督促解决；把遗留问题转入下一个循环。

这样，后一个 PDCA 相似安全管理循环总是对前一个 PDCA 相似安全管理循环的继承发展，它巩固了前面已经取得的安全绩效，并且解决了前一个 PDCA 循环全部或部分的遗留问题。该程序是辩证唯物主义"实践、认识、再实践、再认识"的认识规律的具体体现，能抓住问题的关键，尽可能地吸收相似系统的先进安全经验，提高自身的安全管理水平，使系统最终维持稳定运行的安全状态。

6.4.3　安全系统的相似管理应用列举

基于相似视角研究安全管理，是极有价值的。事物的功能，就其实质而言，即为该事物与他事物相似性的体现，事物与他事物的相似性越多，其功能就越强大。如坦克综合了机动车、装甲车、火炮的各种功能，成为现代战争的最重要的武器之一。一个系统的安全管理，若能将相似系统的出色管理经验技术引用到自己身上，必能如"坦克"一般所向披靡。相似安全管理将在以下安全活动方面得到很好的应用：

（1）安全管理理论方面：通过对相似系统的比较研究，探究安全管理的相似性规律，可形成安全管理思想与理念，安全管理原则、特征与规律等的借鉴。实现安全管理的理论掌控，使"以人为本"的理念得以完全贯彻和融入至安全管理之中，实现安全生产与生命价值的有机统一。

（2）安全管理组织、制度及文化方面：成功的安全管理系统与其所拥有的安全资源，所依赖的法律法规，所制定的安全生产管理和监管制度、安全条例和规章、安全管理方法以及其通过安全教育、培训和宣传所形成的安全文化氛围有非常密切的关系，通过相似度分析，可作出既对人员的行为产生规范性、约束性影响和作用，又不产生负面影响的安全决策。

（3）安全管理模式方面：对相似的先进安全管理体系、过程控制、监管模式以及信息化安全管理等安全管理模式都可根据相似化程度作出相对应的相似安全决策，从宏观上掌控安全管理的走向；随着新一代信息化技术的应用与普及，安全管理模式将逐渐向精细化安全管理转变。

（4）安全管理技术方面：安全管理技术如隐患辨识、危险控制与消除、设备本质性安全设计、职业病防控以及工程技术、工艺技术等由领导层进行适应性与先进性比较研究后可进行相似借鉴。

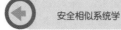

［1］ 易灿南．比较安全学构建及其应用实践研究［D］．长沙：中南大学，2014.

［2］ 佚名．全国 2001 年至 2014 年安全生产事故起数及死亡人数统计［EB/OL］．http：//wenku. baidu. com/link? url = -b3RW2xPe _nMYv10tERFHFTZ5zSHGyMcavUfqi7eTXAXf7snJdYUh9LTTlWnw-Ch9xDF2jU8x9LNPe7Pq5by JMT10qHAhkBXBOvky3G71ku. 2015-02-09/2016-12-12.

［3］ 省政府安委会办公室．2004 至 2015 年较大以上生产安全事故情况统计及分析报告［EB/OL］. http：//ah. people. com. cn/n2/2016/0614/c358266-28507141.

［4］ 陈娟．我国煤矿事故统计分析及基于最佳组合模型的预测研究［D］．太原：太原理工大学，2012.

［5］ 多英全，刘垚楠，胡馨升．2009～2013 年我国粉尘爆炸事故统计分析研究［J］．中国安全生产科学技术，2015(2)：186-190.

［6］ 余群舟，孙博文，骆汉宾，等．塔吊事故统计分析［J］．建筑安全，2015，30(11)：10-13.

［7］ 李志红．100 起实验室安全事故统计分析及对策研究［J］．实验技术与管理，2014，31(4)：210-213.

［8］ 沈小燕，李小楠，谢培，等．886 起危险品罐式车辆道路运输事故统计分析研究［J］．中国安全生产科学技术，2012，8(11)：43-48.

［9］ 杜红岩，王延平，卢均臣．2012 年国内外石油化工行业事故统计分析［J］．中国安全生产科学技术，2013，9(6)：184-188.

［10］ 杨乃莲．2007—2011 年我国烟花爆竹事故统计分析研究［J］．中国安全生产科学技术，2013，9(5)：72-77.

［11］ 吴超，杨冕．安全科学原理及其结构体系研究［J］．中国安全科学学报，2012，22(11)：3.

［12］ 许洁，吴超．安全人性学的学科体系研究［J］．中国安全科学学报，2015，25(8)：10-16.

［13］ 李美婷，吴超．安全人性学的方法论研究［J］．中国安全科学学报，2015，25(3)：3-8.

［14］ 周欢，吴超．安全人性学的基础原理研究［J］．中国安全科学学报，2014，24(5)：3-8.

［15］ 吴超，贾楠．安全人性学内涵及基础原理研究［J］．安全与环境学报，2016(06)：153-158.

［16］ 游波，吴超，杨冕．安全生理学原理及其体系研究［J］．中国安全科学学报，2013，23(12)：9-15.

［17］ 苏淑华，吴超．安全生理感知原理的研究与应用［J］．安全与环境学报，2016(5)：186-190.

［18］ 游波．深井受限空间物理实验系统研发与安全人因参数实验研究［D］．长沙：中南大学，2014.

［19］ 谭波，吴超．2000—2010 年安全行为学研究进展及其分析［J］．中国安全科学学报，2011，21(12)：17-26.

［20］ 李梦雨，黄锐，吴超．安全行为分析方法及模型的研究［J］．世界科技研究与发展，2016(5)：996-1000.

［21］ 关燕鹤，黄锐，曾佳龙，等．作业安全管理中人员行为规范化方法研究［J］．中国安全科学学报，2012，22(12)：127-132.

［22］ 吴超，王秉．心理创伤评估学的创建研究［J］．中国安全生产科学技术，2016，12(8)：40-46.

［23］ 胡晓娟，吴超．人的安全心理特性研究方法的综述研究［J］．中国安全科学学报，2009，19(7)：5-13.

［24］ 李双蓉，王卫华，吴超．安全心理学的核心原理研究［J］．中国安全科学学报，2015，25(9)：

8-13.

[25]　阳富强，吴超，汪发松，等 . 1998-2008 年人因可靠性研究进展［J］. 科技导报，2009, 27(8)：
87-94.

[26]　马浩鹏，吴超 . 安全经济学核心原理研究［J］. 中国安全科学学报，2014, 24(9)：3-7.

[27]　吴超，王婷 . 安全统计学的创建及其研究［J］. 中国安全科学学报，2012, 22(7)：4-9.

[28]　吴超，王婷，等 . 安全统计学：Safety statistics［M］. 北京：机械工业出版社，2014.

[29]　易灿南，吴超，胡鸿，等 . 比较安全法学的创建与研究［J］. 北京：中国安全科学学报，2013, 23
(11)：3-9.

[30]　王秉，吴超 . 安全文化学［M］. 北京：化学工业出版社，2017.

[31]　王秉，吴超，杨冕，等 . 安全文化学的基础性问题研究［J］. 中国安全科学学报，2016, 26(8)：
7-12.

[32]　吴超，王秉，等 . 安全文化学方法论研究［J］. 中国安全科学学报，2016(4)：1-7.

[33]　谭洪强，吴超 . 安全文化学核心原理研究［J］. 中国安全科学学报，2014, 24(8)：14-20.

[34]　王秉，吴超 . 安全标语鉴赏与集粹［M］. 北京：化学工业出版社，2016.

[35]　吴超，孙胜，胡鸿 . 现代安全教育学及其应用［M］. 北京：化学工业出版社，2016.

[36]　易灿南，吴超，胡鸿，等 . 比较安全教育学研究及应用［J］. 中国安全科学学报，2014, 24(1)：
3-9.

[37]　徐媛，吴超 . 安全教育学基础原理及其体系研究［J］. 中国安全科学学报，2013(09)：3-8.

[38]　胡鸿，吴超，廖可兵，等 . 安全教育学及其学科体系构建研究［J］. 安全与环境工程，2014, 21
(3)：109-113.

[39]　石东平，吴超，等 . 安全物质学的学科体系与研究方法［J］. 中国安全科学学报，2015, 25(7)：
16-22.

[40]　黄浪，吴超 . 安全物质学的方法论研究［J］. 灾害学，2016, 31(4)：11-16.

[41]　方胜明，吴超 . 物质安全管理学学科构建研究［J］. 中国安全科学学报，2016, 26(5)：1-6.

[42]　张丹，吴超，陈婷 . 安全毒理学的核心原理研究［J］. 中国安全科学学报，2014, 24(6)：3-7.

[43]　刘冰玉，吴超 . 灾害化学的核心原理研究［J］. 中国安全生产科学技术，2015(4)：147-152.

[44]　黄浪，吴超，王秉 . 安全规划学的构建及应用［J］. 中国安全科学学报，2016, 26(10).

[45]　谢优贤，吴超 . 安全容量原理的内涵及其核心原理研究［J］. 世界科技研究与发展，2016(4)：
739-743.

[46]　黄仁东，刘倩倩，吴超，等 . 安全信息学的核心原理研究［J］. 世界科技研究与发展，2015(6)：
646-649.

[47]　张舒，史秀志，吴超 . 安全系统管理学的建构研究［J］. 中国安全科学学报，2010, 20(6)：9-16.

[48]　王爽英，吴超 . 系统安全管理的三维模型探讨［J］. 现代管理科学，2010(8)：30-31.

[49]　吴超，杨冕 . 安全混沌学的创建及其研究［J］. 中国安全科学学报，2010, 20(8)：3-16.

[50]　杨冕 . 基于安全混沌思想的安全系统管理研究［D］. 长沙：中南大学，2011.

[51]　杨冕，吴超，黄浪，等 . 基于安全混沌原理的实验室风险度量［J］. 世界科技研究与发展，
2016(5)：1001-1005.

[52]　吴超 . 安全科学方法学［M］. 北京：中国劳动社会保障出版社，2011.

[53]　吴超，易灿南，曹莹莹 . 比较安全学［M］. 北京：中国劳动社会保障出版社，2014.

[54]　左东启 . 相似理论 20 世纪的演进和 21 世纪的展望［J］. 水利水电科技进展，1997(2)：10-15.

[55]　N. M. 诺吉德 . 官信译 . 相似理论及因次理论［M］. 北京：国防工业出版社，1963.

[56]　刘云 . 复杂多能域耦合系统相似理论研究及其在重载操作装备中的应用［D］. 长沙：中南大
学，2008.

[57]　Buckingham E. On Physically Similar Systems; Illustrations of the Use of Dimensional Equations [J]. Physical Review, 1914, 4(4): 345-376.

[58]　M. B. 基尔皮契夫. 相似理论 [M]. 沈自求译. 北京: 中国科学技术出版社, 1955.

[59]　Ameling W. Simulation Using Parallelism in Computer Architecture [C]//IMACS Meetings. 1984: 3-15.

[60]　Jiang Z A, Shi L L, Wang P. Establishing Mine Water Supply Network Physical Model Based on the Abnormal Similar Theory [J]. Applied Mechanics & Materials, 2013, 421(421): 850-854.

[61]　Ma H C, Cui K R, Zha F S. The Dimensional Analysis and Similar Theory of Model Tests for Explosion Resisting Capacity of Tunnels [J]. Applied Mechanics & Materials, 2014, 488-489: 666-668.

[62]　李少华, 杨智春, 谷迎松. 一种复合材料跨声速颤振模型的部分结构相似设计方法 [J]. 机械强度, 2009, 31(2): 339-343.

[63]　Pérezmorales R, Castrohernández C, Gonsebatt M E, et al. Polymorphism of CYP1A1* 2C, GSTM1* 0, and GSTT1* 0 in a Mexican Mestizo population: a similitude analysis [J]. Human Biology, 2008, 80(4): 457-65.

[64]　张光鉴. 成组技术与《相似论》[J]. 成组技术与生产现代化, 1996(1): 19-21.

[65]　周美立. 相似工程学 [M]. 北京: 机械工业出版社, 1998.

[66]　邱绪光. 实用相似理论 [M]. 北京: 北京航空学院出版社, 1988.

[67]　王丰. 相似理论及其在传热学中的应用 [M]. 北京: 高等教育出版社, 1990.

[68]　柴立和, 文东升. 相似理论的新视角探索 [J]. 自然杂志, 2000, 22(3): 168-170.

[69]　沈自求. 相似理论及其在化工上的应用 [M]. 北京: 高等教育出版社, 1959.

[70]　徐迪. 基于相似理论的系统仿真基本概念框架 [J]. 系统工程理论与实践, 2000, 20(8): 58-61.

[71]　魏亚兴, 吴超, 胡汉华. 近十年我国安全系统工程学发展研究综述 [J]. 中国安全生产科学技术, 2011, 07(6): 162-167.

[72]　阳富强, 吴超, 覃妤玥. 安全系统工程学的方法论研究 [J]. 中国安全科学学报, 2009, 19(8): 10-20.

[73]　贾楠, 吴超. 安全系统学方法论研究 [J]. 世界科技研究与发展. 2016, 38(3): 500-504.

[74]　张舒, 史秀志, 古德生, 等. 基于 ISM 和 AHP 以及模糊评判的矿山安全管理能力分析与评价 [J]. 中南大学学报: 自然科学版, 2011, 42(8): 2406-2416. "

[75]　吴超, 杨冕. 25 条安全学原理的内涵 [J]. 湖南安全与防灾, 2013(2): 42-45.

[76]　雷海霞, 吴超. 安全系统和谐原理体系构建研究 [J]. 世界科技研究与发展, 2016(1): 26-30.

[77]　雷海霞. 安全系统科学原理与建模研究 [D]. 长沙: 中南大学, 2016.

[78]　贾楠, 吴超. 安全科学原理研究的方法论 [J]. 中国安全科学学报, 2015, 25(2): 3-8.

[79]　蔡天富, 张景林. 对安全系统运行机制的探讨-安全度与安全熵 [J]. 中国安全科学学报, 2006, 16(3): 4-16.

[80]　Andrews J D, Bartlett L M. A branching search approach to safety system design optimisation [J]. Reliability Engineering & System Safety, 2005, 87(1): 23-30.

[81]　Pereguda A, Timashov D. A Reliability Model for Safety System-Protected Object Complex with Time Redundamey [J]. Asigurarea Calității-Quality Assurance, 2009, 15(60): 18-21.

[82]　张景林, 王晶禹, 黄浩. 安全科学的研究对象与知识体系 [J]. 中国安全科学学报, 2007, 17(2): 16-21.

[83]　张建, 吴超. 安全人机系统原理理论研究 [J]. 中国安全科学学报, 2013, 23(6): 14.

［84］ Trevor A Kletz. Accident investigation: Keep asking "why?" ［J］. Journal of Hazardous Materials, 2006, 130(1-2): 69-75.

［85］ Puzanov Y V. Self-similar risk characteristics of industrial accidents ［J］. Atomic Energy, 1993, 75(5): 875-879.

［86］ Nikfalazar S, Khorshidi H A, Hamadani A Z. Fuzzy risk analysis by similarity-based multi-criteria approach to classify alternatives ［J］. International Journal of System Assurance Engineering and Management, 2016, 7(3): 1-7.

［87］ Deng H. A Similarity-Based Approach to Ranking Multicriteria Alternatives ［C］//International Conference on Intelligent Computing: Advanced Intelligent Computing Theories and Applications. with Aspects of Artificial Intelligence. Springer-Verlag, 2009: 253-262.

［88］ Li H, Kang Q, He J. A New Approach to Reproduce Traffic Accident Based on the Data of Vehicle Video Recorders ［C］//Proceedings of International Conference on Soft Computing Techniques and Engineering Application. Springer India, 2014: 223-232.

［89］ Ma H C, Cui K R, Zha F S. The Dimensional Analysis and Similar Theory of Model Tests for Explosion Resisting Capacity of Tunnels ［J］. Applied Mechanics & Materials, 2014, 488-489: 666-668.

［90］ Jiang Z A, Shi L L, Wang P. Establishing Mine Water Supply Network Physical Model Based on the Abnormal Similar Theory ［J］. Applied Mechanics & Materials, 2013, 421(421): 850-854.

［91］ Lee M, Bae K T, Kim H T, et al. Similitude law for shallow foundation on cohesionless soils using 2D finite element analysis ［J］. Japanese Geotechnical Society Special Publication, 2016, 2(39): 1416-1419.

［92］ 吴超, 贾楠. 相似安全系统学的创建研究 ［J］. 系统工程理论与实践, 2016, 36(5): 1354-1360.

［93］ 贾楠, 吴超. 相似安全系统学方法论 ［J］. 中国安全科学学报. 2016, 26(6): 30-35.

［94］ 卢宁, 吴超, 贾楠. 相似安全管理学的创建 ［J］. 中国安全科学学报, 2017, 27(04): 1-6.

［95］ 杨瑞刚, 段治斌, 徐格宁, 等. 基于相似理论的大型桥式起重机结构安全评价试验验证方法 ［J］. 安全与环境学报, 2014(2): P4-97.

［96］ 张振华, 汪玉, 张立军, 等. 船体梁在水下近距爆炸作用下反直观动力行为的相似分析 ［J］. 台湾研究集刊, 2011, 32(6): 1391-1404.

［97］ 徐源, 戴青, 郭靓. 基于安全相似域的风险评估模型 ［J］. 中国电子科学研究院学报, 2005(2): 63-67.

［98］ 滕希龙, 曲海鹏. 基于区间值直觉模糊集相似性的信息安全风险评估方法研究 ［J］. 信息网络安全, 2015(5): 62-68.

［99］ 刘沐宇, 朱瑞赓. 基于模糊相似优先的边坡稳定性评价范例推理方法 ［J］. 岩石力学与工程学报, 2002, 21(8): 1188-1193.

［100］ 李丹, 姚文锋, 郭富庆, 等. 基于模糊相似的长距离输水管线系统风险评价指标体系确立 ［J］. 南水北调与水利科技, 2015(4): 803-807.

［101］ 钮永祥, 茹莲娟. 基于 Vague 相似度量的建筑施工安全事故评价法 ［J］. 中国西部科技, 2008, 7(11): 41-42.

［102］ 黄波林, 王世昌, 陈小婷, 等. 碎裂岩体失稳产生涌浪原型物理相似试验研究 ［J］. 岩石力学与工程学报, 2013, 32(7): 1417-1425.

［103］ 李玉全, 叶子申, 秦本科, 等. 压水堆失水事故降压过程低压试验模拟相似性分析 ［J］. 节能技术, 2012, 30(2): 167-172.

[104]　聂君锋，李晓轩，张海泉，等．壳体容器跌落事故的相似试验设计与有限元分析［J］．原子能科学技术，2012，46(10)：1237-1242.

[105]　王波．病区相似药品安全管理存在问题与对策［J］．中国医药指南，2013，7(12)：190-191.

[106]　刘丽玲，李苏娣．流程管理在病区相似药品安全管理中的应用［J］．全科护理，2016(6)：617-619.

[107]　Zhou Meili. Some Concepts and Mathematical Consideration of Similarity System Theory［J］. Journal of Systms Science &Systems Engineering, 1992, 1(1): 84-92.

[108]　钱学森．创建系统学［M］．上海：上海交通大学出版社，2007.

[109]　Mayr E, Ashlock P D. Approaches to Systematics(Book Reviews: Principles of Systematic Zoology)［J］. Science, 1991, 253(4): 458-459.

[110]　Brummelkamp T R, Bernards R, Agami R. A System for Stable Expression of Short Interfering RNAs in Mammalian Cells［J］. Science, 2002, 296(5567): 550-553.

[111]　周美立．相似系统工程［J］．系统工程理论与实践，1997，17(9)：36-42.

[112]　周美立．相似学［M］．北京：中国科学技术出版社，1993.

[113]　廖可兵，虞和泳，李升友．安全科学学科的确立与安全系统学派的形成［J］．安全与环境工程，2004，11(3)：71-74.

[114]　王秋衡，刘如民．安全系统学科建设安全工程专业的研究［J］．安全与环境工程，2004，11(4)：66-68.

[115]　Gingras Y. Science of science and reflexivity［J］. Journal of the History of the Behavioral Sciences, 2006, 42(4): 407-409.

[116]　Adam B, Beck U, Loon J V. The risk society and beyond［M］. Los Angeles: SAGE Publications, 2000: 211-229.

[117]　梁百川．国防信息系统体系结构研讨［J］．系统工程理论与实践，2001(01)：97-102.

[118]　Wang Y, Huiquan Y U, Wang J. Fuzzy Model Evaluation on Sustainable Utilization of Water Resources in some Certain Region of Wenzhou City［J］. Ground Water, 2006.

[119]　Cheng C H. Fuzzy repairable reliability based on fuzzy gert［J］. Microelectronics Reliability, 1996, 36(10): 1557-1563.

[120]　程乾生．质量评价的属性数学模型和模糊数学模型［J］．数理统计与管理，1997(6)：18-23.

[121]　翟小伟，邓军．突出行业特点的安全工程专业教育研究［J］．中国安全科学学报，2008，18(1)：90-94.

[122]　何学秋．安全工程学［M］．徐州：中国矿业大学出版社，2004.

[123]　吴超．安全科学学的初步研究［J］．中国安全科学学报，2007，17(11)：5-15.

[124]　徐志明．社会科学研究方法论［M］．北京：当代中国出版社，1995.

[125]　国务院学位委员会第六届学科评议组编．学科授予和人才培养一级学科简介［M］．北京：高等教育出版社，2013.

[126]　吴超，易灿南，胡鸿．比较安全学的创立及其框架的构建研究［J］．中国安全科学学报，2009，19(6)：17-28.

[127]　曹莹莹，吴超．比较安全学的方法论研究［J］．中国安全科学学报，2013，23(5)：3-9.

[128]　王秉，吴超．比较安全文化学的创建研究［J］．灾害学，2016，31(3)：190-195.

[129]　赵龙文，侯义斌．Agent 的概念模型及其应用技术［J］．计算机工程与科学，2000，22(6)：75-79.

[130]　严玲，尹贻林，范道津．公共项目治理理论概念模型的建立［J］．中国软科学，2004(6)：130-135.

[131] 贺国光，李宇，马寿峰，等．基于数学模型的短时交通流预测方法探讨［J］．系统工程理论与实践，2000，20(12)：51-56.

[132] 沈珠江．土体结构性的数学模型——21世纪土力学的核心问题［J］．岩土工程学报，1996，18(1)：95-97.

[133] 郑文棠，徐卫亚，童富果，等．复杂边坡三维地质可视化和数值模型构建［J］．岩石力学与工程学报，2007，26(8)：1633-1644.

[134] 郭生练，熊立华，杨井，等．基于DEM的分布式流域水文物理模型［J］．武汉大学学报：工学版，2000，33(6)：1-5.

[135] 张锡芳，黄上腾．软件工程中的测试流程模型与管理［J］．计算机应用与软件，2005，22(8)：28-29.

[136] 汪玲，郭德俊．元认知的本质与要素［J］．心理学报，2000，32(4)：458-463.

[137] 张景林，崔国璋．安全系统工程［M］．北京：煤炭工业出版社，2002.

[138] 卢岚．安全工程［M］．天津：天津大学出版社，2003.

[139] 高春山．试谈安全系统工程及其特点［J］．系统工程理论与实践，1983(04)：23-29.

[140] 曲和鼎．安全系统工程概论［M］．北京：化学工业出版社，1988.

[141] 沈斐敏．安全系统工程理论与应用［M］．北京：煤炭工业出版社，2001.

[142] 贺建勋．系统建模与数学模型［M］．福州：福建科学技术出版社，1995.

[143] Kong X, Yu B, Quan L. Nonlinear mathematical modeling and sensitivity analysis of hydraulic drive unit［J］. Chinese Journal of Mechanical Engineering, 2015, 28(5): 999-1011.

[144] 郭齐胜．系统建模原理与方法［M］．长沙：国防科技大学出版社，2003.

[145] 田一明．行为安全管理系统中员工不安全行为涌现性抑制的研究［D］．鞍山：辽宁科技大学，2015.

[146] 陆劲挺．概念设计中功能树可拓相似推理方法研究［D］．合肥：合肥工业大学，2012

[147] 魏铁华，戴庆辉．论相似思维与创新思维［J］．成组技术与生产现代化，2000，2：3-7.

[148] 孙海霞，钱庆，成颖．基于本体的语义相似度计算方法研究综述［J］．现代图书情报技术，2010，1：51-55.

[149] 吴超．近10年我国安全科学基础理论研究的进展综述［J］．中国有色金属学报，2016，26(8)：1675-1692.

[150] 拉契柯夫．科学学：问题·结构·基本原理［M］．陈益升译著．北京：科学出版社，1984.

[151] 苗东升．系统科学原理［M］．北京：中国人民大学出版社，1990.

[152] 威尔逊E B．科学研究方法论［M］．上海：上海财经大学出版社．

[153] 蒋逸民．社会科学研究方法论［M］．重庆：重庆大学出版社．

[154] Husin H N, Nawawi A H, Ismail F, et al. Safety Performance Assessment Scheme for Low Cost Housing: A Comparative Study［J］. Apcbee Procedia, 2012, 1: 351-355.

[155] Westrum R. The study of information flow: A personal journey［J］. Safety Science, 2014, 67(67): 58-63.

[156] Sun W, Chang H, Yang Z P, et al. Detection of Genetic Co-Adaptability of Chinese Local Sheep Breeds and Comparison with Their Closely Related Species-Goat［J］. Scientia Agricultura Sinica, 2010, 43(23): 4917-4927.

[157] Wei S, Geng R Q, Hong C, et al. Analysis of genetic co-adaptability of structural loci in Hu sheep.［J］. Hereditas, 2007, 29(2): 201.

[158] 王兰萍，耿荣庆，冀德君，等．牛肌肉生长抑制素基因变异位点遗传共适应性分析［J］．华北农学报，2011，26(1)：51-53.

[159] Li Gang, Deng Li, Li Shu, et al. Adaptive source biasing sampling for time-dependent radiation transport problems [J]. Acta Physica Sinica, 2011, 60(02): 205-209.

[160] 吕振肃, 侯志荣. 自适应变异的粒子群优化算法 [J]. 电子学报, 2004, 32(3): 416-420.

[161] Li Z C. Equation and function of holo-synergetic dynamics of complex systems [J]. Xitong Gongcheng Lilun Yu Shijian/system Engineering Theory & Practice, 2004, 24(6): 4-14.

[162] 李宗成. 大协同系统及其进化方程和支配原理 [J]. 系统工程, 1993(5): 25-36.

[163] 钱学森. 一个科学新领域——开放的复杂巨系统及其方法论 [J]. 城市发展研究, 2005, 12(5): 1-8.

[164] Ling J, Kong F, Lei H, et al. A Methodological Study on Using Weather Research and Forecasting(WRF)Model Outputs to Drive a One-Dimensional Cloud Model [J]. Advances in Atmospheric Sciences, 2014, 31(1): 230-240.

[165] 赵金宝, 邓卫, 王建. 基于贝叶斯网络的城市道路交通事故分析 [J]. 东南大学学报, 2011, 41(6): 1300-1306.

[166] 谢定义, 齐吉琳. 土结构性及其定量化参数研究的新途径 [J]. 岩土工程学报, 1999, 21(6): 651-656.

[167] 谢季坚, 刘承平. 模糊数学方法及其应用 [M]. 第2版. 武汉: 华中科技大学出版社, 2000.

[168] 王元汉, 李卧东, 李启光, 等. 岩爆预测的模糊数学综合评判方法 [J]. 岩石力学与工程学报, 1998, 17(5): 493-501.

[169] 徐维祥, 张全寿. 一种基于灰色理论和模糊数学的综合集成算法 [J]. 系统工程理论与实践, 2001, 21(4): 114-119.

[170] 吴春林. 采用专家打分法对债权价值进行分析的探讨 [J]. 中国资产评估, 2007(11): 18-20.

[171] 吴英俊, 苏宜强, 成乐祥. 基于熵权法和专家打分法的企业节能减排效果评估方法 [J]. 电器与能效管理技术, 2015(16): 63-68.

[172] 惠婷婷, 苑芷茜, 赵璐璐, 等. 浅析专家打分法用于清河流域水环境管理能力提高效果评估的可行性 [J]. 农业与技术, 2016, 36(9): 90-91.

[173] 谭春桥. 基于区间值直觉模糊集的TOPSIS多属性决策 [J]. 模糊系统与数学, 2010, 24(1): 92-97.

[174] 曾文艺, 赵宜宾, 于福生, 等. 关于区间值直觉模糊集运算性质的注记 [J]. 模糊系统与数学, 2007, 21(3): 66-70.

[175] 贾楠, 吴超, 罗周全, 等. ITOPSIS与PSF耦合的采空区稳定性综合辨析 [J]. 东北大学学报: 自然科学版, 2016, 37(8): 1182-1187.

[176] 王中兴, 牛利利. 区间直觉模糊数的新得分函数及其在多属性决策中的应用 [J]. 模糊系统与数学, 2013, 27(4): 167-172.

[177] 裴植, 鲁建厦, 郑力, 等. 广义区间值直觉模糊数及其在工位评估中的应用 [J]. 系统工程理论与实践, 2012, 32(10): 2198-2206.

[178] 贾楠. 地下金属矿采空区稳定性辨析方法研究及应用 [D]. 长沙: 中南大学, 2014.

[179] 高峰, 周科平, 胡建华. 采场稳定性的模糊物元评价模型及应用研究 [J]. 采矿与安全工程学报, 2006, 23(2): 164-168.

[180] 贾楠, 罗周全, 谢承煜, 等. 考虑安全的IFAHP——模糊物元露天采场爆破效果评价 [J]. 爆破, 2013, 30(1): 20-24.

[181] 吴殿廷, 李东方. 层次分析法的不足及其改进的途径 [J]. 北京师范大学学报: 自然科学版, 2004, 40(2): 265-267.

[182] Bhupinder S, Sudhir D, Sandeep J, et al. Use of fuzzy synthetic evaluation for assessment of

groundwater quality for drinking usage: a case study of southern Haryana, India [J]. Environmental Geology, 2008, 54: 249-255.

[183] 贾楠，罗周全，谢承煜，等. 基于改进 FAHP-复合模糊物元的地下金属矿山采空区危险性辨析 [J]. 安全与环境学报，2013(3): 243-247.

[184] Patrick L Yorio, Dana R Willmer, Susan M Moore. Health and safety management systems through a multilevel and strategic management perspective: Theoretical and empirical considerations [J]. Safety Science, 2015, 72: 221-228.

[185] Lai D N C. A comparative study on adopting human resource practices for safety management on construction projects in the United States and Singapore [J]. Human Resource Management, 2012, 29(3): 1018-1032.

[186] Morillas R M, Rubio-Romero J C, Fuertes A. A comparative analysis of occupational health and safety risk prevention practices in Sweden and Spain [J]. Journal of Safety Research, 2013, 47(12): 57-65.

[187] Mengolini A, Debarberis L. Lessons learnt from a crisis event: how to foster a sound safety culture [J]. Safety Science, 2012, 50(6): 1415-1421.

[188] Raviv G, Fishbain B, Shapira A, Analyzing risk factors in crane-related near-miss and accident reports [J]. Safety Science, 2016, 91: 192-205.

[189] Balasubramanian S G, Louvar J F, Study of major accidents and lessons learned [J]. Process Safety Progress, 2010, 21(3): 237-244.

[190] Barach, P, Small S, Reporting and preventing medical mishaps: lessons from non-medical near miss reporting systems [J]. British Medical Journal J, 2000, 320(7237): 759-763.

[191] Arunraj N S, Mandal S, Maiti J. Modeling uncertainty in risk assessment: an integrated approach with fuzzy set theory and Monte Carlo simulation [J]. Accident Analysis & Prevention, 2013, 55: 242-255.

[192] Amoore J, Ingram P, Quality improvement report: learning from adverse incidents involving medical devices [J]. British Medical Journal, 2002, 325(7358): 272-275.

[193] Cowlagi R V, Saleh J H, Coordinability and consistency in accident causation and prevention: formal system-theoretic concepts for safety in multilevel systems [J]. Risk Analysis. 2013, 33(3): 420-433.

[194] Lukic D, Littlejohn A, Margaryan A. A framework for learning from incidents in the workplace [J]. Safety Science, 2012, 50(4): 950-957.

[195] Cheng C W, Lin C C, Sousen L. Use of association rules to explore cause-effect relationships in occupational accidents in the Taiwan construction industry [J]. Safety Science, 2010, 48 (4): 436-444.

[196] Cooke D L, Rohleder T R, Learning from incidents: from normal accidents to high reliability [J]. System Dynamics Review, 2006, 22(3): 213-239.

[197] Cambraia F B, Saurin T A, Formoso C T, Identification, analysis, and dissemination of information on near-misses: a case study in the construction industry [J]. Safety Science, 2010, 48: 91-99.

[198] Zhang S, Shi X Z, Wu C. Measuring the effects of external factor on leadership safety behavior: case study of mine enterprises in China [J]. Safety Science, 2017, 93: 241-255.

[199] Jacobsson A, Sales J, Mushtaq F. Underlying causes and level of learning from accidents reported to the MARS database [J]. Journal of Loss Prevention in the Process Industries,

2010, 23: 39-45.

[200] Rogers E W, Dillon R L, Tinsley C H. Avoiding common pitfalls in lessons learned processes that support decisions with significant risks//2007 IEEE aerospace conference, IEEE, 2007.

[201] Morillas R M, Rubio-Romero J C, Fuertes A. A comparative analysis of occupational health and safety risk prevention practices in Sweden and Spain [J]. Journal of Safety Research, 2013, 47(12): 57-65.

[202] 邵祖峰. 用鱼骨图与层次分析法结合进行道路交通安全诊断 [J]. 中国人民公安大学学报：自然科学版, 2003, 9(6): 44-47.

[203] 张强, 吴少玮, 方鹏骞. 我国社区卫生人力流动影响因素鱼骨图分析 [J]. 医学与社会, 2012, 25(1): 54-57.

[204] 邵良杉, 赵琳琳. 爆破振动对民房破坏的鱼骨图-SVM 预测模型 [J]. 中国安全科学学报, 2014, 24(8): 56-61.

[205] Kawai M, Wignaraja G. Regionalism as an Engline of Multilateralism: A Case for a Single East Asian FTA [J]. Ssrn Electronic Journal, 2008, 177(14): 43-46.

[206] Dobbs L J, Madigan M N, Carter A B, et al. Use of FTA gene guard filter paper for the storage and transportation of tumor cells for molecular testing. [J]. Archives of Pathology & Laboratory Medicine, 2002, 126(1): 56-63.

[207] Dan M S, Tiran J. Condition-based fault tree analysis(CBFTA): A new method for improved fault tree analysis(FTA), reliability and safety calculations [J]. Reliability Engineering & System Safety, 2007, 92(9): 1231-1241.

[208] Bowles J B. The new SAE FMECA standard [C] // Reliability and Maintainability Symposium, 1998. Proceedings. IEEE, 1998: 48-53.

[209] Catelani M, Ciani L, Cristaldi L, et al. FMECA technique on photovoltaic module [C] // Conference Record-IEEE Instrumentation and Measurement Technology Conference. 2011: 1-6.

[210] Carmignani G. An integrated structural framework to cost-based FMECA: The priority-cost FMECA [J]. Reliability Engineering & System Safety, 2009, 94(4): 861-871.

[211] Bertolini M, Bevilacqua M, Massini R. FMECA approach to product traceability in the food industry [J]. Food Control, 2006, 17(2): 137-145.

[212] 金菊良, 吴开亚, 魏一鸣. 基于联系数的流域水安全评价模型 [J]. 水利学报, 2008, 39(4): 401-409.

[213] 张蓉珍, 马妮, 王石磊, 等. 陕西省大气环境安全评价 [J]. 干旱区资源与环境, 2011, 25(2): 83-87.

[214] Williams G M, Kroes R, Munro I C. Safety evaluation and risk assessment of the herbicide Roundup and its active ingredient, glyphosate, for humans. [J]. Regul Toxicol Pharmacol, 2000, 31(1): 117-118.

[215] 肖义, 郭生练, 熊立华, 等. 大坝安全评价的可接受风险研究与评述 [J]. 安全与环境学报, 2005, 5(3): 90-94.

[216] 罗云. 风险分析与安全评价 [M]. 北京：化学工业出版社, 2016.

[217] Yue Z. An extended TOPSIS for determining weights of decision makers with interval numbers [J]. Knowledge-Based Systems, 2011, 24(1): 146-153.

[218] Wang Y J, Lee H S. Generalizing TOPSIS for fuzzy multiple-criteria group decision-making [J]. Computers & Mathematics with Applications, 2007, 53(11): 1762-1772.

[219] Behzadian M, Khanmohammadi Otaghsara S, Yazdani M, et al. A state-of the-art survey of TOPSIS applications [J]. Expert Systems with Applications, 2012, 39(17): 13051-13069.

[220] Lin M C, Wang C C, Chen M S, et al. Using AHP and TOPSIS approaches in customer-driven product design process [J]. Computers in Industry, 2008, 59(1): 17-31.

[221] Bhrawy A H, Zaky M A. Numerical simulation for two-dimensional variable-order fractional nonlinear cable equation [J]. Nonlinear Dynamics, 2015, 80(1-2): 101-116.

[222] Mook D T, Nuhait A O. Numerical simulation of wings in steady and unsteady ground effects [J] Journal of Aircraft, 2015, 26(12): 1081-1089.

[223] Rizzetta D P, Visbal M R. Numerical Simulation of Separation Control for Transitional Highly Loaded Low-Pressure Turbines [J]. Aiaa Journal, 2015, 43(9): 1958-1967.

[224] 谢承煜, 罗周全, 贾楠, 等. 缓斜极厚矿体开采安全切顶厚度研究 [J]. 采矿与安全工程学报, 2013, 30(2): 278-284.

[225] 谢承煜, 罗周全, 贾楠, 等. 露天爆破振动对临近建筑的动力响应及降振措施研究 [J]. 振动与冲击, 2013, 32(13): 187-193.

[226] 罗周全, 贾楠, 谢承煜, 等. 爆破荷载作用下采场边坡动力稳定性分析 [J]. 中南大学学报: 自然科学版, 2013(9): 3823-3828.

[227] 韦鹏飞. 基于 SD 理论的海南旅游系统规划 [C] //2012 中国旅游科学年会论文集. 2012.

[228] 徐启阳, 艾军, 周密, 等. SD 理论与实验研究 [J]. 应用激光, 1991(3): 3-12.

[229] 宋润朋. 区域水安全系统动力仿真与评价研究 [D]. 合肥: 合肥工业大学, 2009.

[230] 汪哲荪, 金菊良, 李如忠, 等. 基于风险的区域水安全评价模糊数随机模拟模型 [J]. 四川大学学报: 工程科学版, 2010, 42(6): 1-5.

[231] 郭玲玲, 武春友, 于惊涛. 中国能源安全系统的仿真模拟 [J]. 科研管理, 2015, 36(1): 112-120.

[232] 唐谷修. 企业安全管理系统动力学模型与应用研究 [D]. 长沙: 中南大学, 2007.

[233] 武春友, 郭玲玲, 于惊涛. 区域旅游生态安全的动态仿真模拟 [J]. 系统工程, 2013, 31(2): 94-99.

[234] 史健勇, 任爱珠, 陈驰. 基于计算机仿真模拟系统的奥运场馆火灾安全分析 [J]. 工程抗震与加固改造, 2005, 27(S1): 227-233.

[235] 邓辉炼. 某会展厅火灾安全模拟分析 [J]. 安防科技, 2008(12): 10-12.

[236] 史健勇, 任爱珠, 陈龙珠. 建筑火灾安全模拟与分析集成仿真系统 [J]. 上海交通大学学报, 2008, 42(6): 957-P60.

[237] 文标, 张凡夫. 城市公共安全模拟演练系统的研究 [J]. 中国安防, 2009(3): 20-23.

[238] 邓其, 詹华岗, 肖文贵, 等. 隧道烟雾环境下驾驶视觉安全模拟实验研究 [J]. 公路工程, 2014, 39(1): 35-39.

[239] 陈海. 木结构建筑施工安全因素识别与安全行为模拟 [D]. 厦门: 厦门大学, 2014.

[240] Wu Y. Conceptual design activities of FDS series fusion power plants in China [J]. Fusion Engineering & Design, 2006, 81(23-24): 2713-2718.

[241] Madenci E, Guven I. The Finite Element Method and Applications in Engineering Using AN-SYS [M].Springer US, 2006.

[242] Hatch M R. Vibration Simulation Using MATLAB and ANSYS [M]. Chapman & Hall/CRC, 2000.

[243] Yan X, Wan W, Zhang J. 3D virtual city rendering and real-time interaction based on UC-win/Road [C] //Iet International Conference on Smart and Sustainable City. IET, 2013:

56-60.

［244］ Li Y H, Zheng C Q, Shao C F, et al. UC-Win/Road Simulation Systems Application to Domestic Simulation of Road Traffic ［J］. Applied Mechanics & Materials, 2014, 505-506: 1219-1224.

［245］ Ellis D. Procedural skills and Sketch-Up: an example of, how drawing skills can be taught over a distance ［M］. Institute of Industrial Arts and Technology Education, 2012.

［246］ Collina C, Ferri M, Frosini P, et al. Sketch up: Towards qualitative shape data management ［C］//Computer Vision-ACCV '98, Third Asian Conference on Computer Vision, Hong Kong, China, January 8-10, 1998, Proceedings, Volume I. DBLP, 1998: 338-345.

［247］ 唐文方. 大数据与小数据: 社会科学研究方法的探讨 ［J］. 中山大学学报: 社会科学版, 2015, 6: 141-146.

［248］ Guo L, Vargo C J, Pan Z, et al. Big Social Data Analytics in Journalism and Mass Communication: Comparing Dictionary-Based Text Analysis and Unsupervised Topic Modeling ［J］. Journalism & Mass Communication Quarterly, 2016, 93(2): 1-28.

［249］ Currin-Percival M, Johnson M. Understanding Sample Surveys: Selective Learning about Social Science Research Methods ［J］. Political Science & Politics, 2010, 43(3): 533-540.

［250］ 宋萍. 社会科学研究方法的基本范式及其演变综述 ［J］. 广东第二师范学院学报, 2014, 01: 23-30.

［251］ 孙秀昌, 李岩冰, 刘江峰. PDCA 循环在企业安全管理中的应用探讨 ［J］. 中国安全生产科学技术, 2008, 01: 132-135.

中华文化博大精深，汉字文化是民族发展和劳动人民智慧与思考的缩影。 通过研阅大量的古诗词，发现其中不乏包含着"相似"的描述和具有相似含义的诗词。 从这些古诗词中，可以帮助我们更好地吸取相似的内容、方法和思想。 下面是一些含有相似意义的成语和诗词及其简单释义。

附录1　相似成语赏析

　　[1]　诸如此类：诸，众多；此，这，这样。 像这类的各种事物。

　　[2]　诸如此比：犹言诸如此类。

　　[3]　彼此彼此：指两者比较差不多。

　　[4]　比物连类：连缀相类的事物，进行排比归纳

　　[5]　比物属事：连缀相类的事物，进行排比归纳。

　　[6]　比肩齐声：比喻地位、声望相等或相近。

　　[7]　比类从事：其他类似的情况按照这种精神办理。

　　[8]　元方季方：东汉陈实有子陈纪字符方、陈谌字季方，两人皆以才德见称于世。 元方之子长文与季方之子孝先各论其父功德，争之不能决，问于陈寔，寔曰："元方难为兄，季方难为弟。"意谓两人难分高下。 事见南朝宋刘义庆《世说新语·德行》。 后称兄弟皆贤为难兄难弟或元方季方。

　　[9]　未达一间：谓未能通达，只差一点。

　　[10]　如出一辙：辙，车轮碾轧的痕迹。 好像出自同一个车辙。比喻两件事情非常相似。

　　[11]　同源异流：指起始、发端相同而趋势、终结不同。

　　[12]　大同小异：大体相同，略有差异。

　　[13]　铢两悉称：悉，都；称，相当。 形容两者轻重相当，丝毫不差。

　　[14]　五十步笑百步：败逃五十步的人讥笑败逃一百步的人。 比喻缺点或错误性质相同，只有情节或重或轻的区别。

　　［15］　天下乌鸦一般黑：比喻不管哪个地方的剥削者、压迫者都是一样坏。

　　［16］　势均力敌：均，平；敌，相当。　双方力量相等，不分高低。

　　［17］　棋逢对手：比喻争斗的双方本领不相上下。

　　［18］　旗鼓相当：比喻双方力量不相上下。

　　［19］　棋逢敌手：比喻彼此本领不相上下。

　　［20］　齐足并驱：谓齐头并进，不分高下。

　　［21］　平分秋色：比喻双方各得一半，不分上下。

　　［22］　绵延不断：形容相同的自然景观一个接一个不间断地出现。

　　［23］　半斤八两：八两，即半斤，旧制一斤为十六两。　半斤、八两轻重相等。　比喻彼此不相上下。

　　［24］　不相上下：分不出高低。　形容水平相当。

　　［25］　殊途同归：通过不同的途径，到达同一个目的地。　比喻采取不同的方法而得到相同的结果。

　　［26］　神肖酷似：形似，形容人长得像。

　　［27］　一式一样：完全是一个式样。　形容完全相同。

　　［28］　同符合契：比喻完全相合，完全相同。

　　［29］　一毫不差：指完全相同，没有一点差异。

　　［30］　毫无二致：二致，两样。　丝毫没有什么两样。

　　［31］　不差累黍：累黍，是古代两种很小的重量单位，形容数量极小。　形容丝毫不差。

　　［32］　重规叠矩：规与规相重，矩与矩相叠，度数相同，完全符合。　原比喻动静合乎法度或上下相合，后形容模仿、重复。

　　［33］　出于一辙：一辙，同一车辙，喻相同的趋向。　形容先后出现的情况、人与人的言语行动很相似。

　　［34］　地丑力敌：指土地相似，力量相当。

　　［35］　分门别类：把一些事物按照特性和特征分别归入各种门类。

　　［36］　虎贲中郎：虎贲，勇士；中郎，指东汉蔡邕，曾做左中郎将。　有一个勇士与蔡中郎长相特别相似。　形容两人面貌相似，如同一个人一样。

　　［37］　刻鹄成鹜：比喻模仿的虽然不逼真，但还相似。　同刻鹄类鹜。

　　［38］　刻鹄类鹜：刻，刻画；类，似。　画天鹅不成，仍有些像鸭子。　比喻模仿的虽然不逼真，但还相似。

　　［39］　刻木为鹄：比喻仿效虽不逼真，但还相似。

　　［40］　鲁卫之政：比喻情况相同或相似。

［41］ 面目全非：非，不相似。 样子完全不同了。 形容改变得不成样子。

［42］ 名贸实易：贸，齐等；易，变易。 指名称相似，实质不同。

［43］ 如出一轨：好像出自同一个车轨。 比喻两件事情非常相似。

［44］ 如出一辙：辙，车轮碾轧的痕迹。 好像出自同一个车辙。 比喻两件事情非常相似。

［45］ 若出一轨：比喻两种事物非常相似。

［46］ 若出一辙：好像出自同一个车辙。 比喻两件事情非常相似。

［47］ 天人相应：指人体与大自然有相似的方面或相似的变化。

［48］ 屯毛不辨：比喻不能分辨相近或相似的事物。

［49］ 惟妙惟肖：肖，相似。 描写或模仿得非常逼真。

［50］ 维妙维肖：肖，相似。 形容描写或模仿非常逼真传神。

［51］ 文如其人：指文章的风格同作者的性格特点相似。

［52］ 一而二，二而一：两件事看似不同，实际上都相同。

［53］ 乌焉成马：乌、焉、马三字字形相近，几经传抄而写错。 指文字因形体相似而传写错误。

［54］ 无独有偶：独，一个；偶，一双。 不只一个，竟然还有配对的。 表示两事或两人十分相似。

［55］ 物伤其类：指见到同类死亡，联想到自己将来的下场而感到悲伤。 比喻见到情况与自己相似的人的遭遇而伤感。

［56］ 依模照样：按照模式样子描摹。 比喻面貌、性格等十分相似。

［57］ 以水投水：把一条河里的水倒到另一条河里。 比喻事物相似，很难辨别。

［58］ 疑似之迹，不可不察：疑似：既像又不像。 不分明而想象的迹象，不能不仔细考察。 指不被事物相似的表面现象所迷惑。

附录 2　相似诗词欣赏

[1]　物是人非事事休，欲语泪先流。

[2]　黄鹤一去不复返，白云千载空悠悠。

[3]　种桃道士归何处，前度刘郎今又来。

[4]　繁华事散逐香尘，流水无情草自春。

[5]　凭阑半日独无言，依旧竹声新月似当年。

[6]　今年花胜去年红，可惜明年花更好，知与谁同。

[7]　昔我往矣，杨柳依依。 今我来思，雨雪霏霏。

[8]　斜阳独倚西楼，遥山恰对帘钩，人面不知何处，绿波依旧
东流。

[9]　去年元月夜，花市灯如昼。 月上柳梢头，人约黄昏后。 今年
元月夜，花与灯依旧。 不见去年人，泪湿春衫袖。

[10]　今朝一惆怅，反覆看未已。 人只履犹双，何曾得相似？

[11]　凤凰台上凤凰游，凤去台空江自流。

[12]　把酒祝东风，且共从容，垂杨紫陌洛城东，总是当年携手
处，游遍芳丛。

[13]　与君离别意，同是宦游人。

[14]　同是天涯沦落人，相逢何必曾相识。

[15]　年年岁岁花相似，岁岁年年人不同。

[16]　起闻双鹤别，若与人相似。

[17]　空里雪相似，晚来风不休。

[18]　此外皆长物，于我云相似。

[19]　静将鹤为伴，闲与云相似。 何必学留侯，崎岖觅松子。

[20]　赵瑟清相似，胡琴闹不同。 慢弹回断雁，急奏转飞蓬。

[21]　照梁初日光相似，出水新莲艳不如。

[22]　君夸名鹤我名鸢，君叫闻天我戾天。 更有与君相似处，饥
来一种啄腥膻。

[23]　回亘非一形，参差悉相似。

[24]　青为洞庭山，白是太湖水。 苍茫远郊树，倏忽不相似。

[25]　响象离鹤情，念来一相似。 月斜掩扉卧，又在梦魂里。

[26]　心悲兄弟远，愿见相似人。

[27]　苍苔白骨空满地，月与古时长相似。 野花不省见行人，山
鸟何曾识关吏。

[28]　节物苦相似，时景亦无余。 唯有人分散，经年不得书。

［29］ 吾观九品至一品，其间气味都相似。 紫绶朱绂青布衫，颜色不同而已矣。

［30］ 江畔何人初见月？ 江月何年初照人？ 人生代代无穷已，江月年年只相似。

［31］ 见花忆郎面，常愿花色新。 为郎容貌好，难有相似人。

［32］ 莫怪相逢无笑语，感今思旧戟门前。 张家伯仲偏相似，每见清扬一惘然。

［33］ 巢穴几多相似处，路岐兼得一般平。

［34］ 同是乾坤事不同，雨丝飞洒日轮中。 若教阴朗长相似，争表梁王造化功。

［35］ 朱门处处若相似，此命到头通不通。

［36］ 江天自如合，烟树还相似。 沧流未可源，高帆去何已。

［37］ 文章锻炼犹相似，年齿参差不校多。

［38］ 双鬓雪相似，是谁年最高。

［39］ 彭泽千载人，东坡百世士。 出处虽不同，风味乃相似。

［40］ 无外一精明，六合同出自。 公能知本源，佛亦不相似。

［41］ 步出齐城门，遥望荡阴里。 里中有三坟，累累正相似。

［42］ 贾生俟罪心相似，张翰思归事不如。

［43］ 满城烟水月微茫，人倚兰舟唱，常记相逢若耶上。 隔三湘，碧云望断空惆怅。 美人笑道：莲花相似，情短藕丝长。

由于目前系统学的研究大多以系统分割的思路开展研究和切入的，而系统学及安全系统学的核心是综合、整体的思想。 因此，安全相似系统学的提出为如何从整体性开展研究提供了突破口。 安全相似系统学强调相似是多层次、多种特性综合系统相似，避免了个别特性相似研究的局限性；安全相似系统学不仅定地分析系统是否相似，更注重定量分析相似度的大小；安全相似系统学还能把握相似系统间和谐有序，使多个相似特性协调配合。

　　本书分别从学科属性、研究方法及方法论、基础模型和原理等理论层面，对安全相似系统学理论体系进行了扩展，并对安全相似系统学的实践应用做了初步探索。 在对安全相似系统学自身丰富发展的同时，由安全相似系统学衍伸而来的新的科学研究领域和学科分支也是未来安全科学发展研究的新领地。

　　相似是相同与相异之间一种平衡状态，当系统相似程度增加时，趋向"相同"的状态，当系统间相似程度降低时，趋向"相异"的状态。 安全相似系统是研究安全系统内相似性的学科，是安全学科体系的重要一支，它与安全学科的其他学科是相互联系的，以相似程度的不同，由安全相似系统学出发，可发展出不同趋势的研究分支。 当以"相同"或"相同安全系统"为研究对象时，可衍伸出新的学科，如安全协同学、安全和谐学等，当以"相异"或"相异安全系统"为研究对象时，衍伸出新的学科，如事故学、突变学、安全扰动学等。 而这些衍伸出新的方向，亟须大量的安全学者不断地努力与创新。